中国盆景制作技法全书

林鸿鑫　张辉明　陈习之　编著

时代出版传媒股份有限公司
安徽科学技术出版社

图书在版编目(CIP)数据

中国盆景制作技法全书 / 林鸿鑫,张辉明,陈习之编著. --合肥:安徽科学技术出版社,2023.2
ISBN 978-7-5337-8574-1

Ⅰ.①中… Ⅱ.①林…②张…③陈… Ⅲ.①盆景-观赏园艺 Ⅳ.①S688.1

中国版本图书馆 CIP 数据核字(2021)第 280839 号

中国盆景制作技法全书 林鸿鑫 张辉明 陈习之 编著

出 版 人:丁凌云 选题策划:田 斌 责任编辑:田 斌
责任校对:岑红宇 责任印制:李伦洲 装帧设计:冯 劲
出版发行:安徽科学技术出版社 http://www.ahstp.net
(合肥市政务文化新区翡翠路 1118 号出版传媒广场,邮编:230071)
电话:(0551)63533330
印 制:安徽新华印刷股份有限公司 电话:(0551)65859178
(如发现印装质量问题,影响阅读,请与印刷厂商联系调换)

开本:889×1194 1/16 印张:15 字数:332 千
版次:2023 年 2 月第 1 版 2023 年 2 月第 1 次印刷

ISBN 978-7-5337-8574-1 定价:150.00 元

序　一

咫尺神游

小尺度、近距离、咫尺神游的微形园林艺术作品，意象艺术，意在手先，外师造化，内得心源；意寓于文，以文载道；山水以形媚道，相石合宜，掇山得体，巧于因借，精在体宜，臆绝灵奇，迁想妙得，运心无尽，精益求精。

庚子清明　孟兆祯撰书

中国工程院院士、北京林业大学教授　孟兆祯

序　二

莫道桑榆晚，为霞尚满天。

2020 年 1 月 7 日晚上，再次收到陈习之总经理发来的林大师夫妇和张辉明先生共著的新书《中国盆景制作技法全书》目录。我看到后真的是非常震惊！

因为就在 2019 年 4 月中旬，我为林大师的新书《花瓶盆景制作与赏析》作了序。这还不到 10 个月的时间，又有新书问世。真可谓是高产作家！

我和林鸿鑫夫妇相识已有 30 多年，我已记不清在这几十年中，这是第几次为林鸿鑫的专著写序文。从 2004 年《树石盆景制作与赏析》开始，到后来的《紫砂壶盆景艺术》《花瓶盆景制作与赏析》《中国树石盆景艺术》《中国山水盆景艺术》等。

林鸿鑫夫妇的收官之作《中国盆景制作技法全书》内容丰富，清晰地介绍了盆景赏析与制作，涵盖了盆景的发展，盆景历史，美学原理，中国盆景民族风格及流派，继承与创新，植物学与地理学的知识，各个树种的选择、栽培、修剪、制作、造型、培育、养护，乃至气候条件对盆景制作的影响等内容。

这本专著不仅有新的理论观点，而且在盆景制作技法的创新等方面起到了良好的示范作用。无论是对老的盆景人还是对新入门的盆景爱好者，本书都会有帮助和借鉴的意义。

林大师等多年不懈奋斗、追求卓越的历程，正是努力践行“不忘初心、牢记使命”的生动写照！

中国盆景艺术家协会原会长
中国花卉盆景杂志社总顾问
苏本一

序　三

林鸿鑫、陈习之夫妇让我为《中国盆景制作技法全书》写序言。一赞二老老当益壮，宝刀不老。三年前刚刚出过盆景巨著《中国盆景造型艺术全书》的二老和张辉明，一转眼又要付梓盆景技法巨著，真是了不起！本书包括中国盆景史、传统人文思想、美学原理、民族风格、流派及地方特色、传承与创新、植物学与地理学知识、主要材料与工具、造型与技法、制作过程、日常养护等共十章。内容丰富，系统完整，尤其技法一章最为精彩突出。编写这样的巨著，对于两个耄耋老人来说，倘若没有极端的写作热情，没有忘我的创作精神，没有大量收集资料和阅读文献的基础劳动，是万万做不到的。他们这种为盆景事业不懈奋斗的精神将永远值得我们盆景人学习和敬仰！二赞二老传承精华，创新不止。林陈二老对中国盆景八大流派和人文思想竭尽全力地宣传弘扬，并在传承的基础上，与时俱进，努力创新。有了他们的这种精神，中国盆景一定会前程似锦、繁荣昌盛！

“学诗可以情飞扬，志高昂，人灵秀”，在此还是以诗礼赞吧：

林陈张辉明，技法大观书。
技法广而全，创新尤突出。
图文兼并茂，先睹悦耳目。
与时而俱进，领先冠学术。
贡献非小可，里程碑大树。
宝刀不老者，一对佳夫妇。
温州创大业，名园建东湖。
理论联实际，两手硬兼顾。
三人志千里，著述妙连珠。
新春佳节至，在此送祝福。

北京林业大学教授、著名盆景专家　彭春生

作者简介

林鸿鑫　1937年出生，浙江温州人，民进会员。高级园林工程师、中国盆景艺术大师、浙江红欣园林艺术有限公司创始人、温州市红欣盆景艺术博物馆荣誉馆长、深圳市东湖公园“盆景世界”总裁、深圳市盆景协会荣誉会长、温州市非物质文化遗产传承人。2019年8月，中国园林博物馆授予林鸿鑫先生“盆景特聘专家”荣誉称号。先后出版了《中国盆景造型艺术全书》《树石盆景制作与赏析》《中国树石盆景艺术》《中国温州茶花鉴赏》等多部专著，还与赖娜娜共同编著出版了《盆景制作与赏析》教科书。

1997年为迎接香港回归，应深圳市人民政府邀请，率浙江红欣公司团队与深圳东湖公园联合创办了“盆景世界”，2005年被列入《中国盆景名园》。

林鸿鑫原创性地运用盆景的形式复原富春江风貌，首次将中国画大胆搬上盆景舞台，创作了42米长的画卷式的《富春山居图》树石盆景，这一超大盆景的诞生为中国绘画与盆景艺术的融合开了先河。

张辉明　湖北大冶人，现任中国风景园林学会盆景分会会员、深圳市盆景协会秘书长、深圳市奇石协会副秘书长、中国美协黄石分会会员、中原画院客座教授。自幼酷爱文学、书法、美术，尤爱国画，主攻山水，师从工艺美术大师黄鼎钧先生。工作之余，亦爱盆景，又师从中国盆景艺术大师贺淦荪先生。

1987年10月，在湖北省黄石市成功举办了个人盆景展，1997年成功筹建深圳市仙湖植物园盆景园，任第一任总经理。2000年在深圳大望村创办深圳明枫盆景园，内有各类盆景精品1500余盆。盆景作品入选《中国盆景金奖集》《世界盆景金奖集》《粤港澳盆景作品集》，丛林盆景《一树林萌春意浓》获2004年第五届中国园艺花卉博览会金奖，第五届粤港澳台盆景展金奖。40多年来在全国各级报刊上发表150余幅、篇盆景作品与论文。

2017年6月与林鸿鑫、陈习之共同编著出版了《中国盆景造型艺术全书》，2019年出版了《附石盆景制作技法》。

陈习之　1950年出生，浙江温州人 。农工民主党员，工程师，经济师，浙江红欣园林艺术有限公司创始人之一，深圳东湖公园“盆景世界”技术总监。先后编著了《中国山水盆景艺术》《紫砂壶盆景艺术》，并与林鸿鑫等人合著出版了《中国温州茶花鉴赏》《树石盆景制作与赏析》《中国盆景造型艺术全书》等书籍。

2011年深圳大运会期间，承担了大运村的盆景摆设任务，摆出盆景100余盆，并培训志愿者为国际运动员讲解，获得外国友人的赞赏，传播了中国的盆景文化艺术。

前　言

盆景起源于中国，是中国的国粹，是中国古典园林、传统书画艺术和园艺栽培等技术的结晶，也是艺术与技艺的综合体。据相关考据，在新石器时代就已经有将植物栽培于盆中的种植活动。随着陶瓷烧造技术和植物栽培技术的发展，盆景到汉代基本形成，距今已有2000多年的历史。

唐宋经济、文化繁盛时期，盆景艺术得到长足发展，当时日本、朝鲜等派遣使节到中国学习，盆景艺术作为中国传统雅文化的一部分在东亚地区传播开来。后经不断的文化交流，中国盆景艺术在南亚、东南亚、欧美、澳大利亚等地落地生根，尤其在20世纪90年代以后，随着经济的发展以及人们对生活品质要求的不断提高，人们亲近大自然的愿望日趋强烈，被称为“第二自然”的盆景艺术又重回人们的视野。盆景在咫尺之内、方寸之间就能让人们体会到自然的乐趣和神游其中的魅力，让盆景艺术广受欢迎。

在时代浪潮中，中国盆景的前进之路该走向何方，这是中国盆景人面临的问题。作为盆景起源地的中国，让盆景走向世界，赢得世界的认可，我们需要站在巨人的肩膀上创新，而巨人的肩膀正是2000多年来中国的盆景艺术家们创作的精品佳品。

在中国盆景艺术史上，众多名家对盆景艺术进行了许多探索，诸位方家也各有侧重。我们历时三年，查阅国内外各种历史资料和典籍，结合实际，编写了九部分内容，包括：中国盆景史、美学原理、民族风格、流派及地方特色、传承与创新、植物学与地理学知识、主要材料与工具、造型与技法、制作过程，日常养护等。希望为中国盆景艺术的创新发展提供参考，也期待为中国盆景艺术走向世界尽绵薄之力。

本书凝聚了很多人的关心与付出，在此向：中国盆景艺术家协会创会会长、《中国花卉盆景》创刊者苏本一先生，中国工程院院士、园林界泰斗孟兆祯先生，著名盆景专家、北京林业大学盆景学教授彭春生先生深表谢意。同时，中国盆景大师郑永泰先生、深圳美学专家张奋洲先生、深圳著名摄影师黄玉煌先生，为本书提供许多相关资料与指导，在此一并表示感谢。

由于作者能力有限，书中难免有遗漏、不足、不当之处，恳请大家指正。

作　者

目　录

第一章 中国盆景的历史与发展

中华民族的悠久历史孕育了光辉灿烂的中国传统文化艺术，在这文化艺术宝库中，盆景以其独特的艺术魅力和鲜明的艺术特色，流传于世，经久不衰。学习、了解中国盆景的历史和发展，能够激发我们的民族自尊心、自信心和爱国主义热情，促进盆景艺术的创作和繁荣。

一、盆景的起源

盆景起源于中国，这已经成为国际盆景界公认的事实。盆景是艺术和技术的综合体，它利用盆和植物，表现千变万化的大自然景色以及人们各不相同的思想认知，总体上给人以愉悦和美感。可见，盆景涉及多样和复杂的因素，这也决定了它不会形成于一朝一夕，而要经过一个漫长历史时期的孕育。

新石器时期(公元前 5000 年)

据现有考古、文献记载，在我国浙江余姚河姆渡新石器时期距今约 7000 年的第四文化层中，出土了两块刻有盆栽图案的陶片，陶片上方形陶盆栽种形似万年青的植物，说明当时我们的祖先已开始将植物栽入器皿中以供观赏或者祭祀。这是我国乃至世界上迄今为止发现最早的原始盆栽的图片记载(图 1-1)。

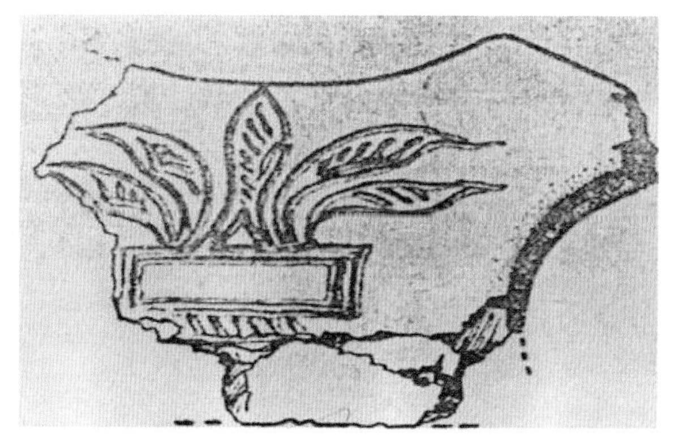

图 1-1 河姆渡遗址的五叶纹陶片，说明早在 10000 年至 4000 年前的新石器时期，人类已将植物栽入器皿

夏商周秦时期(公元前 2070—前 206 年)

这一时期包含了夏、商、周、秦 4 个朝代，最突出的活动是石玩与玉雕。人类最初的生产活动，总是符合美学原理。无论旧石器时期还是新石器时期，人类制造的简单的石斧、石刀、石针，一方面是简单的生产工具，另一方面又是最初级的工艺品。到殷商以后，铜器工具逐渐替代了石器工具而进入铜器时代。与此同时，石器也渐渐向偏重于艺术品方向转化，最后完全变成装饰、赏玩的艺术品。随着人们审美与加工能力的不断提高，进而出现了玉雕、赏石的社会风尚。《史记·五帝本纪》中就记述了轩辕黄帝欣赏玉石的情景，还记述了舜把墨工制成工艺品(玄圭)送给禹。1983 年江苏武进县出土的夏代文物中，发现一件雕有花纹图案的精致玉琮，类似现代微型盆景中常用的小盆盂。其实，夏、周及以后的春秋战国时期，玉雕、赏石即繁盛起来，最著名的有《完璧归赵》的故事。同时，老庄崇尚自然的思想开始发端，这也成为盆景产生的思想土壤。总之，夏、商、周、秦时期的玉雕、石玩和老庄思想，为中国山水盆景选材、造型、审美、技法等方面打下了一定的物质和思想基础，对以后汉代缶景的形成影响深远。

二、盆景的形成

我国盆景艺术形成的过程，先后经历了原始先民的自然崇拜、昆仑神话与神仙思想(见《山海经》《神仙传》等)、“一池三山”园林手法、缩地术与壶中天、博山炉与砚山等阶段。随着社会生产力的发展和人们生活水平的提高，到先秦时代以前(公元前 221 年以前)，作为盆景产生基础的自然观、陶瓷技艺、园艺栽培技术,以及爱石风气已经形成。

汉代(公元前206—公元220年)

汉代是我国盆景形成的关键时期。在这个时期,既完成了草本盆栽向木本盆栽的转化,又实现了原始盆栽向真正盆景的转化。张骞出使西域时,为了把西域的石榴引种到中原来,就采用了盆栽石榴的办法。从此也就完成了草本盆栽向木本盆栽的过渡。这仍然属于原始盆栽,但是它对汉代缶景的出现以及栽培技术的发展起到了促进作用。

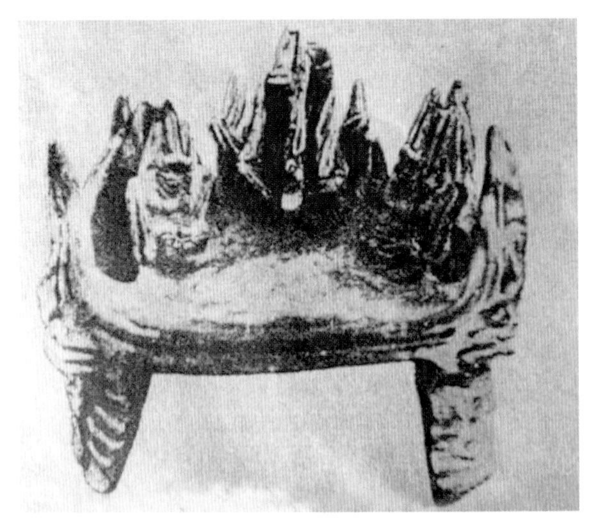

图1–2 汉代山形陶砚

发掘出土的汉代山形陶砚(《文物》1964年1月)(图1–2)就是上述文字记载中的缶景的物证。砚上做有山峰十二个,大小起伏,呈层峦叠嶂状,砚中间可以盛水,与现今的山水盆景形式有些相似。另在河北望都东汉墓壁画上绘有一陶质圆盆,盆中插6枝红花,盆下还配有方形几座。(图1–3)

图1–3 河北望都东汉墓壁画中出现植物、盆盎、几架三位一体的盆栽形象

汉末魏晋以后社会动乱,许多仕途不顺而不得志的士大夫以山林乡间为乐,以隐居田野为清高。他们遨游名山大川,寄情山水幽林之间,并不惜投巨资修建私家别墅,将理想的生活与山林自然之美结合起来,使得中国的古典园林得到了空前的发展。这对盆景的影响无疑是巨大的,使简单的盆栽逐渐发展成具有画境、意境的盆景,这个质的飞跃是和古典园林的发展分不开的。

1966年山西大同石家寨发掘了北魏司马金龙墓。墓主司马金龙为北魏显宦。该墓出土了5块屏风漆画。其中《列女古贤图》中的两人物之间有一圆盆盆山,说明此时盆山已被用于官宦的室内装饰。(图1–4)

从上述史料可以得出结论,树木盆景和山水盆景皆形成于东汉(公元25—220年)时期。

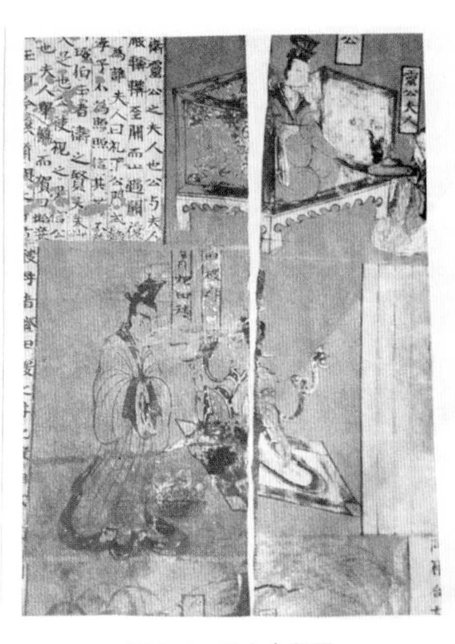

图1–4 列女古贤图

三、盆景的发展期

唐代(618—907年)

唐代是我国封建社会中期的兴盛时代,其经济、政治、外交、文化都达到了鼎盛,并对周边国家产生了前所未有的巨大影响。文化方面,无论是天文学、医药学、宗教学、文学等,都留下了灿烂宝贵的文化遗产。以此为背景,盆景艺术在形式多样、题材丰富、诗情画意等方面,都得到了突飞猛进的发展。

唐代虽尚未明确出现“盆景”一词(一说用“盆池”),但从考古、绘画、文字和史料中可以看出,唐代的各类盆景制作技艺均趋成熟。

1972年陕西乾陵发掘的唐代章怀太子李贤之墓（建于公元706年）甬道东壁上生动地绘有几名侍女:侍女一,圆脸朱唇、戴幞头、长袖袍、窄裤腿、尖头鞋、束腰带,双手托一盆景,中有假山和小树;侍女二,高髻圆脸朱唇,黄衫黄裙绿披巾,云头鞋,手持莲瓣形盘,盘中有绿叶、红果。这是迄今发现的最早的关于盆景的图画(图1–5)。

图1–5　1972年陕西乾陵发掘的唐代章怀太子李贤之墓(建于公元706年)甬道东壁绘仕女手捧盆景的壁画

从文字资料中也可看出当时盆景的发展概貌。冯贽的《云仙杂记》中记载:“王维以黄瓷斗贮兰蕙,养以绮石,累年弥盛。”说明盆景已不仅仅是宫廷的专利,也开始在民间流行,士大夫也以制作盆景为时尚。

台北故宫博物院藏画中有唐代阎立本绘制的《职贡图》,画中有以山水盆景为贡品进贡的情景。图中有一大一小两座“三峰式”山水盆景,盆内山石玲珑剔透、奇形怪状,其造型非常符合“瘦、漏、透、皱”的赏石标准。(图1–6)

图1–6　唐代阎立本绘的《职贡图》,画有山石盆景作为贡品进贡的情景

此外,唐代文献中有许多关于假山、山池、盆池、小滩、小潭、叠石、累土山等方面的描述和记载。这些文献虽未明显提出"山水盆景"的字样,但从中可以看出当时的人们在居室内制作和欣赏山水景观已蔚然成风。这些山水景观,大的可在厅前屋后、院落之间蓄一池清水,置几块山石,小的可摆在室内,与当今盆景无异了。

唐代的树桩盆景亦大有建树。当时在狭小空间中表现大自然景色、被称为"壶中天地"的庭院艺术在士大夫之间流行,文人们喜爱树形奇特、枝叶婆娑的小松树,并为之撰写咏颂诗文。李贺在《五粒小松歌》中用"蛇子蛇孙鳞蜿蜿,新香几粒洪崖饭。绿波浸叶满浓光,细束龙髯铰刀剪。主人壁上铺州图,主人堂前多俗儒。月明白露秋泪滴,石笋溪云肯寄书"对松树盆景进行了形象生动的描写,将其遒劲嶙峋的主干、翠绿逼人的针叶、反复盘扎的枝条和神采奕奕的姿态刻画得淋漓尽致。由此可知其时对野生植物移植培育以供观赏的技术已日臻完善。

与盆景艺术密切相关的赏石文化也在唐代达到高潮。有许多关于奇石的诗赋,如白居易的《太湖石》《问支琴石》《双石》,李德裕的《奇石》《题罗浮石》《似鹿石》《海上石笋》《泰山石》等。白居易一生嗜山石,留下了"唯向天竺山,取得两片石"的佳话,更有"烟萃三秋色,波涛万古痕;削成青玉片,截断碧云根;风气通岩穴,苔文护洞门;三峰具体小,应是华山孙"。这些都是用来描绘山水盆景的优美诗句。

宋代(960—1279 年)

到了宋代,中国的封建社会发展日趋成熟,随着宋代经济的发展和人们生活水平的提高,一种服务于观赏娱乐的新型产业——花卉业诞生了。赏花成为一种时尚,花木品种不断增加,栽培技术日益发展,同时出现了 30 多部总结花木栽培经验的著作,如周师厚编撰的《洛阳花木记》,进士温革的《分门琐碎录》,范成大撰写的《桂海虞衡志》等。这大大促进了宋代盆景的发展,尤其是栽培技艺的发展,从宫廷普及到了民间。在宋代,不论宫廷民间,以奇树怪石为观玩品已蔚然成风。

南宋时期王十朋,温州乐清梅溪人,绍兴二十七年(公元 1157 年)46 岁殿试状元及第。他著的《岩松记》是我国最早传播树石盆景的著作。

《岩松记》载,友人"有以岩松至梅溪,异质丛生,根衔拳石茂焉,匪枯林焉,匪乔柏叶松身气象耸焉,藏参天覆地之意于盈握间,亦草木之英奇者,予颇爱之,植以瓦盆,置之小室,稽古之暇,寓陶先生郑处士之趣焉"。

王十朋用晋代陶渊明植菊瓦盆之法,将岩松"植以瓦盆,置之小室",一举开了中国树石盆景的先河。因为这时的岩松,已经制成具有艺术美的盆景,既有"藏参天复地之意"的艺术境界,又有"草木之英奇者"的个性风格,它是以树木和岩石为素材、"根衔拳石""地盈握间"小中见大的树石盆景艺术品。

今北京故宫博物院内收藏的宋人绘画《十八学士图》四轴中,有两轴绘有盆松,盖偃盘枝,针如屈铁,悬根出土,老干生鳞,这是宋代盆景的又一物证,从中可以看出制作技艺之高超(图 1-7、图 1-8)。

图 1-7 《十八学士图》四轴之一

图 1-8 《十八学士图》四轴之二

南宋杜绾《云林石谱》卷上“昆山石”一节提到：“平江府昆山县石产土中，为赤土积渍，既出土，倍费挑剔洗涤，其质磊磈巉岩透空，无耸拔峰峦势，如叩之无声。士人唯爱之洁白，或栽植小石，或种溪荪于奇巧处，或置立器中，互相贵重以求售。”将某些小树或草本植物栽植于山石之中、低凹处，再置山、水、石于盆中，构成海岛悬松、山崖苍柏等别具一格的景致，这便是早期的附石式盆景。昆山石玲珑剔透，洁白可爱，是古代附石式盆景中常用的石种。

盆景植物的造型和养护，以及盆景山石的制作技巧在宋代也有了很大的发展和提高，有些方法即使到了现代依然适用。何应龙《橘潭诗稿》中一句“体蟠一簇皆心匠，肤裂千梢尚手痕”，精练地概括了当时盆梅的整形技术。“体蟠”指用人工绑扎的方法对盆梅的枝干进行整形，“肤裂”指人工整形后在枝干上留下的痕迹，“一簇”和“千梢”指的是盆梅经过整形修剪后所具有的多枝条树姿，而“皆心匠”和“尚手痕”则表明这盆梅的优美姿态不是来源于自然，是创作者匠心独运、手工绑扎的结果。

宋代有人开始对盆景有了题名之举。据《太平诗话》记载，宋代田园诗人范成大归仕时爱玩赏英德石、灵璧石和太湖石，并在奇石上题“天柱峰”“小峨眉”“烟江叠嶂”等景题，使盆景奇石与书画艺术相融通，言明起名者的精神寄托，使人进一步了解作品寓意，起到“画龙点睛”的效果。现代盆景也都参照此法，题款嵌字，更显典雅隽永。

不同艺术之间是可以融会贯通的。宋代盆景的设计、布局以及所追求的诗画意境在很大程度上都受到了绘画艺术的影响。宋代的绘画艺术达到了较高的水平，特别是山水画与花鸟画的崛起，对盆景的构思发展起到了很大的促进作用。与其相关的赏石艺术也盛极一时，许多文人大家都对奇石情有独钟，甚至嗜石成痴成狂，留下了许多描写奇石的佳作，还出现了研究山石的专著，如杜绾的《云林石谱》一书中记载石品有 116 种之多。对各种石种的出产地、形状、颜色、品质和采集法，以及山石盆景的石料，均有较详细的论述。

四、盆景的成熟期

明代(1368—1644 年)

中国盆景发展到了明代，由于两淮盐运业的繁荣，带动苏扬经济的发展。园林复兴，盆景亦随经济的繁荣而兴旺。扬州盆景园原收藏的一盆明末桧柏盆景，为古刹天宁寺遗物，干高二尺，屈曲如虬龙，应用“一寸三弯”手法将枝叶蟠扎成“云片”(图 1-9)。正如屠隆在《考槃余事·盆玩笺》中云：“至于蟠结，柯干苍老，束缚尽解，不露做手，多有态若天生。”

天启年间，文震亨所著《长物志·盆玩篇》载：“盆玩，时尚以列几案间者为第一，列庭榭中者次之，余持论反是。最古者以天目松为第一，高不过二尺，短不过尺许，其本如臂，其针如簇。”

图 1-9　明末桧柏盆景

图 1-10　仇英的《金谷园、桃李园图》

以上古书典籍摘录，印证了扬州、苏州一带盆景种植造型已较为普及，并在东南沿海各省市流行，剪扎技艺已较为成熟，盆景已经进入了巨贾富商之庭院(图 1-10)。苏扬等地盆景已具备各自的特点，为在清代形成鲜明的地方流派奠定了基础。

清代(1644—1911 年)

中国盆景发展到了清代，盆景已经在苏扬、南通、浙江、安徽等地普及，广为流传，并在各地结合本地历史文化形成各地特色，百花齐放，开创风格，形成流派。

清代早期与中期，江南漕运与盐运出现极度繁荣。扬州设立两淮盐运使，全国各地盐商云集扬州。康熙与乾隆两帝六下江南，苏州、扬州等地官僚为迎合帝王巡游，大力修建楼台画舫，广筑园林，大兴盆景，有"家家有花园，户户养盆景"之说，在继承明代盆景风格的同时，不断提高，形成流派。由图 1-11 可见庭院中盆景之盛况。

图 1-11　乾隆皇帝抚琴图

明末清初，江南、苏州、扬州、南通、杭州等地民间盆景盛行。在盆景形式上创造了树桩盆景和山水盆景，不仅造型丰富多彩，而且讲究意境，将国画画理融入盆景造型之中，盆景专家应运而生，有关盆景的著作不断出现。

五、近现代盆景

1912—1949 年

清末至民国是一个政局动荡的时期，长期混战，经济萧条，民不聊生。战争给中国人民带来深重灾难，盆景艺人连家园都没有，更谈不上盆景创作，正是"西眺苏台不见家，更从何处课桑麻"。这一时期，盆景事业日趋衰败，一蹶不振。除了周宗璜、刘振书于 1930 年编著的《木本花卉栽培法》和夏诒彬于 1931 年编撰的《花卉盆栽法》之外，少有盆景方面的研究著作发表。

1949 年至今

新中国成立后，政府对祖国文化遗产采取了保护、发展、提高的方针，使得盆景艺术不断创新发展，走向了复兴昌盛的时期。随着改革开放的实施，盆景艺术迎来了新的发展机遇。1979 年，国家城市建设总局为振兴盆景，在北京市北海公园举办首届“全国盆景展览”，来自13个省、市的54家单位的1100盆盆景参加展出，并于1981年12月4日在北京香山成立中国花卉盆景协会(后更名为中国风景园林学会花卉盆景赏石分会，下文简称“分会”)。在分会理事长汪菊渊先生的倡导下，于1985年9月在上海市虹口公园举办了中国第一届盆景评比展览，来自21个省、市的77家单位的1600盆盆景参展。两次展览都盛况空前，影响巨大，揭开了中国盆景大发展的序幕。在此基础上，韦金笙先生主编了“中国盆景流派丛书”《中国盆景名园藏品集》等专著。各省市也相继成立了盆景协会等机构，并举办一些小型、专题展，多次举办盆景理论研讨会、培训班，相互交流，切磋技艺，大大推动了中国盆景事业的发展。

1984年，苏本一先生创办《中国花卉盆景》杂志。1988年，苏本一先生与徐晓白先生组建中国盆景艺术家协会。1999年，苏放担任中国盆景艺术家协会会长，并且创办了《中国盆景赏石》杂志。苏放先生不仅是杂志的出版人、总编辑，而且游走国内外，亲自担任摄影工作，为盆景在世界范围内的推广和传播起到了不可磨灭的作用。

中国盆景发展的丰硕成果引起了世界盆景界的强烈关注，其中最为突出的就是一代盆景宗师贺淦荪先生，他曾任美术教授，有较深的绘画与书法功底，将书画理论与盆景创作相结合，创造出了具有独特风格的动势盆景，总结出一套动势盆景的完整理论体系，成为中国动势盆景的创始人，倡导创办了《花木盆景》杂志，被授予“中国盆景艺术大师”荣誉称号。

总之，在中国深厚的传统文化基础上，经过几十年培训、研讨、交流、实践，各省市涌现了不少年轻有为的盆景人才，也创造出一批颇有新意的盆景作品。中国盆景的前路一片光明，必将在世界盆景艺术园地大放异彩。

第二章　盆景创作中的美学原理

盆景的美学原理与中国画的相关理论是相通的。一幅画的好坏首先看其品格，一盆盆景的好坏也首先看其品格。古人常把“人品”和“画品”联系在一起，“人品不高，落墨无法”就是经典的口头禅。所以，中国各类传统艺术包含了深厚的人文精神，是讲究情操、讲究气节、讲究品德的艺术。

一、造型的形式美

1.盆景造型应体现全方位的观赏性

艺术品的直接意义即可供观赏，可娱人耳目。但是观赏一幅画与观赏一盆盆景的最大区别在于，画是平面的，盆景是立体的。一般情况下观者可以在一个位置看清一幅画作的全部，而在一个位置不可能看清一盆盆景的全部。欣赏一盆盆景作品虽然也有正面、侧面之别，有主次之分，但同时还能够从上下、前后、左右进行全方位观察，所谓“移步换影”“边走边看”，实现“看得透，窥其穿”的观赏效果。为此，盆景创作过程中不仅要体现正反主次，还应当做到面面俱到，面面精致，面面是景，一步一景。

2.运用观众的视觉心理

一切物象必须通过视觉器官和视觉神经产生心理感应才能反映出来。视觉心理一个很重要的功能就是联想，通过联想对直觉中的事物进行分析、补充、纠正、综合，实现一舟见水、一石见山、一木见林、一僧见寺的效果。见图 2–1。

图 2–1　“一石见山、一木见林”视觉效果图示

3.把握个体与序列的布局设计

盆景界称之为“起—承—收”，国画界称之为“起承转合”。如一座盆景园的序列设计“入口—道路—亭廊—展厅—轩阁—庭院—出口”，形成了“序幕—过渡—再过渡—高潮—渐收—再渐收—结束”的序列。入口、道路是“起”，亭廊、展厅、轩阁等是“承”，庭院、出口是“收”。“起”一般指近景，需大小得宜，显出气势；“承”是“起”与“收”的过渡；“收”是承接之后的结束，并且与“起”呼应。

潘天寿先生曾就国画创作的起承转合有一个很形象生动的描述：“起如开门见山，突见峥嵘；承如草蛇灰线，不即不离；转如洪波万顷，必有高原；合则风回气聚，渊深含蓄。”我们将“起—承—收”的设计理念运用于盆景创作，其目的是使得盆景的造型“成竹在胸”，且一景一物、一花一石密切相关，浑然一体。比如图 2–2 从左至右为“起—承—收”的序列设计。

图 2–2　“起—承—收”布局设计图示

二、题名的意境美

中国画多有题名，盆景是立体的中国画，自然也讲究题名。通过题名集中体现盆景的意境美。

1.盆景意境美的核心就是表现时代精神

现阶段的时代精神大致为：①体现党和人民的最高意志和核心价值观；②为人民群众服务，为国家建设服务；③歌颂祖国的悠久历史和灿烂文化；④赞美祖国大好河山；⑤体现友善，增进友谊等。

2.盆景的意境是丰富多彩的

自然、社会、生活是多元变化的，因此盆景反映出来的意境也应该是丰富多彩、五光十色的。

3.盆景题名的基本方法

盆景题名大致有①以立意题名；②以景物题名；③以诗画题名；④以典故题名等。

题名贵在含蓄，忌直露。含蓄发人联想，直露一览无余，贵在切景，忌离题。离开形则神不复存在，不切题会使人不知所云，贵在生动精练，忌概念化。有声有色有律动感，更能打动观众，贵在突出重点，忌面面俱到。

三、色彩的协调美

色彩是人的视觉最敏感的部分，也是盆景创作的重要因素。一景二盆三几架都存在色彩协调的问题。色彩协调了才会使人产生愉悦感。下面简单介绍一些色彩的常识。

1.色相与色度

色相是颜色的相貌及名称。如红、橙、黄、绿、青、蓝、紫为 7 种基本色相。色度是颜色的深浅明暗程度，简称明度。

2.同类色与对比色

同类色是色相和色性接近的一组颜色，比如红色与紫色，蓝色与绿色。对比色是色相、色性完全不同的两种颜色，比如粉红与天蓝。

3.固有色与光源色

固有色是物体本身固有的颜色。光源色是日光、月光、灯光、火光的色彩倾向。

4.色性

颜色给人的心理的冷暖感觉。如标准的暖色是红、橙，使人感到温暖、热烈、兴奋。标准的冷色是蓝色，使人感到寒冷、宁静、遥远。无论哪种颜色，红的成分越多就越暖，蓝的成分越多就越冷。

5.环境色

物体与所处环境彼此色彩相互影响与反射。

盆景色彩同中国山水画一样，基调宜淡不宜浓（观花盆景除外）。盆、几架的明度略低不能跳，以求稳定感。配件的颜色也以协调为宜，如石湾的本色陶质配件比较理想。充分利用艺术对比巧妙地安排山石花草的色彩，可能会产生意想不到的艺术感染力。

四、透视与空间

1.远近法

“透视”是由西方绘画体系传入的专业词汇，是指在一个平面上表现物体的空间、立体的感觉时，由于物体的大小、高低以及观察者视点的位置、方向、远近、角度的不同而具有的不同视觉效果。中国画将透视原理称之为“远近法”。根据透视原理，盆景的布置也通过远近、大小、轻重、虚实、疏密、强弱等，构建盆景的层次、对比及深远感。

图 2-3 通过树木和山石大小高低的布置，形成了自右至左渐行渐远的透视效果。

图 2-3　远近法图示之一

图 2-4　远近法图示之二

图 2-4 中的山石具有高低大小的变化，视平线消失于盆景右边树冠下的远处，远近效果非常明显。

2.布白

构图的一个重要空间原则是布白。盆景制作中的布白与绘画中的布白原理相通，即通过对空白的布置利用，达到虚实相谐及简洁明快的目的。

图 2-5 中，五针松的树干与树冠均有较大空白，简洁干练。斧劈石主峰突出，直插云霄，给人以巍峨雄伟之感。

图 2-5　树石盆景构图中的布白图示

五、布局与均衡

1.比例开合

造型的比例关系会直接影响艺术品的美感。黄金分割律是艺术造型比例设计中最重要的概念，具体是指将一条线段分割为两部分，使较长部分与全长的比值等于较小部分与较大部分的比值，则这个比值即为黄金分割，其值约为 0.618。黄金分割具有严格的比例性、艺术性、和谐性，能带给人视觉美感，具有较高的美学价值。黄金分割律被认为是建筑与艺术中最理想的比例。比如古希腊著名雕像断臂维纳斯就特意延长了双腿，使之与身高的比值为 0.618，产生了无与伦比的美学效果。在盆景造型中，盆景外形无论横竖，高与宽一般都不等长，树冠与树干的比例，树干与分枝的比例等，基本上都参照黄金分割的比例关系。

图 2-6　造型比例图示一

图 2-7　造型比例图示二

图 2-8　造型比例图示三

图 2-9　开合关系图示

通过分析图 2-6 至图 2-9 得出，有了恰当的比例，开合关系就有了美感基础。开与合是物象布置的基本原则，大到整体构成，小到一枝一叶，起手生发之间的相互照应，都属于开合的范畴。所谓上开下合，下开上合，左开右合，右开左合，错落有致方能构成变化。一大一小、一轻一重、一长一短、一纵一横，都是开合关系的具体运用。

2.虚实疏密

虚是指空白，实是指实物。所谓"实处之妙，皆因虚处而生"。轻重、厚薄、大小、远近、有无，都是虚实的变化。虚实相生，繁简相托，虚中有实，实中有虚。虚以实补，实以虚救，贵在随机应变。疏密是实物排列之变化，所谓"密不通风，疏可走马"。疏中有密，密中有疏。

图 2-10　体现疏密关系的盆景图示

如图 2-10 所示，疏密相间的树干都向左弯曲，避免了树干的平行，树干与树冠之间有窗形

图 2-11　体现虚实空白的盆景图示

或开放空白，虚实疏密得当，大小高低相间，既和谐又富有节奏变化。

图 2-11 中，树干和枝条之间形成开放空白，呈不规则几何图形，虚与实、线与面对比明显，很有韵律感。

3.动静参差

可动的物象有花草树木、人物、动物等，静的物象有山石、房舍等。以动显静，静中求动，动静互依，动静互补，相辅相成，相映成趣。在整体造型上跌宕起伏、高低错落、参差不齐，才能使得物象的布置生动有致。当起伏、疏密、聚散、动静等元素相互影响、相互作用时，就会有郑板桥所描述的“参差错落无多竹，引得清风入座来”的佳境。见图 2-12。

图 2-12　体现动静参差的盆景图示

4.变化统一

变化与统一也称对立与统一。变化是指将形态相异的形式要素放置在一起，造成区别和差异。统一是指将形态相同或相似的形式要素放置在一起，营造一致或具有一致倾向的感觉。大自然以及创作实践给我们的启示：在树木盆景造型中，每一件作品的树枝形态和大方向应当统一，而在树枝的长短、粗细、疏密、空白、树冠外形及树势上寻求变化。

图 2-13 中双直干合栽，树枝均为横向生长，具有统一性，其出枝点、枝的长短、疏密、空间位置、树冠外形均有变化，十分自然生动。

图 2-14 一本多干，树枝统一为向上的斜枝（鹿角枝），而出枝点的位置、枝的形态、疏密、空白、树冠外形均有变化，显得古朴苍劲。

图 2-13　体现变化统一的盆景之一

图 2-14　体现变化统一的盆景之二

5.均衡合度

均衡是盆景创作中物象置陈矛盾的统一，是对称的升华，是通过物象的形态、体积、重量、强弱等各种元素合理配置、组合，使观者获得一种平衡稳定的视觉感受。其中对“合度”的把握，即是中国画“外师造化”“中得心源”的体现。视觉上的均衡是感觉上的均衡，比如物象在视觉心理上给人的重量感是不能完全量化的，其重量感取决于这些物象与人们日常生活的联系程度。其重量感的大体顺序：人重于其他动物，见图 2-15；动物重于人造物，见图 2-16；人造物重于植物，见图 2-17；近景重于远景，见图 2-18。在创作实践中，往往通过树木、山石的位置，枝条与树冠的变化，摆件和盆架等元素的调节取得均衡。

图 2-15　人重于其他动物图示

图 2-16　动物重于人造物图示

图 2-17　人造物重于植物图示

图 2-18　近景重于远景图示

6.对比呼应

盆景创作中通过选材的变化形成对比，利用整体的相谐形成呼应。见图 2-19，双树合栽的大阪松打破了以往传统拼株的手法，以一横一竖、一仰一俯的布局形成了呼应的姿态，创作出一个虚怀若谷的空间。

图 2-19　对比呼应盆景图示

第三章　中国盆景的民族风格、流派及地方特色

一、中国盆景的民族风格

盆景的民族风格是指一个民族或国家的盆景的个性风格、地方特色、艺术流派的总和。中国盆景民族风格就是指中国艺术家创作的盆景艺术品表现出的艺术特色和创作个性，它同样包含在盆景作品的内容和形式的各要素中，它是对外交流或国内研讨的基础内容。下面列举的盆景特点，是中国盆景艺术具有的共性的、普适的特点。

1.涉及面广，综合性强

盆景是栽培技术与造型艺术的结合，是自然美与艺术美的结合，被人们誉为“立体的画”“无声的诗”。它与中国传统盆栽园艺、园林、国画、书法、诗词、陶瓷、雕塑等有着密切联系。从盆景的选材、构思、造型、制作、管理等环节综合分析，盆景艺术家往往具有美学、文学和科学的综合素养，盆景作品也往往是集美学、文学和科学于一体的艺术品。所谓美学，盆景作品要给人以美的欣赏，古雅秀美，神韵生动，耐人寻味；所谓文学，盆景的造型构思有诗情画意，有高低层次，有起承转合，反映出深刻的寓意和斐然的文采；所谓科学，盆景造型的主体是植物，植物有特定的生长发育规律，其栽培加工的技术要求很高，小小盆盎，一撮之土，盈尺之树，要它生长良好，已非易事，而按艺术要求使多年老桩枝干虬曲、提根露爪、叶茂花盛、形态优美，更为难得。由上可见，盆景的确是综合艺术的结晶。

2.具有生命，四时多变

盆景被人们称为“活的艺术品”。作为盆景造型主要材料的树木花草具有生长发育的生命特征和自然规律，这决定了在艺术加工上需要对生命元素特别呵护，满足时效要求，以保证植株的成活。所以制作盆景必须具备植物学知识和园艺学栽培技术，并根据选用树种的习性、树龄的长短，决定采用何种造型技艺。盆景植物主要依靠自然的生长发育，需要足够的时间，外力及人工的作用非常有限，即使是野外挖取的普通盆景，往往也得三年五载才能完成。此外，盆景的树桩一旦死亡，它的艺术生命也会终结。因此制作盆景必须要有敬畏生命之心与尊重自然的耐心，切忌揠苗助长。

盆景植物的生长发育使盆景具有艺术景观的可变性，随着季节的变换，可看到春花、夏绿、秋果、冬姿的四季景观。当然我国南方得天独厚，植物的季节变化较小，四季常绿，季季有花。

3.小中见大，高度概括

造园是把自然景物缩小在一定的范围内，而盆景是把景物缩于盆中，谓之微观造园。它以植物、山、石、水、土为素材，精心布置于咫尺盆钵，可谓“缩地千里”“缩龙成寸”，展现出大自然的无限风光。因此，它比一般造园更概括、更集中，更利于集中表现大自然的风光面貌。高不盈尺的树木，却有虬曲苍古的风姿，犹如百年古木。一盆之内，巧妙地布置几块山石，却能表现出广阔的水域和起伏的峰峦。正所谓“咫尺之内，而瞻万里之遥；分寸之中，乃辨千寻之峻”“一峰则太华千寻，一勺则江湖万里”。

4.形式多样，意味深远

人们对艺术的追求是多样化的。随着时代的进步和文化的发展，盆景作品呈现出多样化态势，盆景艺术的创新成果不断涌现。我国盆景从几十个传统树种，发展到今天的近两百个树种，在树木、山水两大类别的基础上，又创新出树石、竹草、异型、微型、组合等七大类，见图 3-1 至 3-7。

此外，出现了盆景与国画结合、盆景与书法结合等诸多尝试。盆景的地方风格更是不断突出，出现了

图 3–1　树木盆景

图 3–2　山水盆景

图 3–3　树石盆景

图 3–4　竹草盆景

图 3–5　异型盆景

图 3–6　微型盆景

推陈出新、多样化发展的新局面。总体上看，个性中的共性，就是在用料、造型和意境等方面具有强烈的民族风味和中国气质。

5.源于自然，高于自然

亲近自然是人类的本性，由此才产生了表现自然的盆景。然而作为一种艺术，盆景又必然离不开人的创造。随着时代的进步，人们的思想观念经历了由远离自然转向向往自然的变化过程。近几年，中国盆景的制作注重造型的自然性。当然，对自然的趋向，并非不要人工，而是尽量使造型合乎自然之理，所谓“七分自然，三分人工”，尽量做到“虽由人作，宛若天成”。同时又“源于自然，高于自然”，尤其注重意境的创造，注重立意上的诗情画意。

图 3–7　组合盆景

二、中国盆景的流派及地方特色

1.流派与风格的一致性

盆景艺术的流派，就是在一定时期内，由于作者所处的地域环境、思想趋向、艺术观点、创作方法的不同，造就了作品的独特个性，形成自己的艺术风格，从而逐步形成地域性的艺术特色，即所谓的流派。我国的盆景风格大都带有显著的地域性特点，故多称为地方风格，浙、扬、川、徽、通、苏、海、岭南等地的盆景皆然，这些地方风格也常被叫作地方流派。

2.八大流派简介

中国幅员辽阔，各地地理、气象、植物(石种)及其他制作材料不一，风土人情各异，创作技法又各尽其妙，反映在盆景中的树木形态及山川风貌亦有明显区别，从而形成异彩纷呈的各种风格与流派。

(1)浙派盆景

唐宋时期浙江已出现树石盆景雏形。《天目山志》记载，唐徐灵府修真天目山，“结庐层石，俯睇松竹，外环池岛，各以方瀛，修炼其间。”

宋代，温州岩松流传很广，状元王十朋著的《岩松记》是我国最早传播树石盆景的著作。其中记载，“友人有以岩松至梅溪者，异质丛生，根衔拳石茂焉，匪枯森焉，匪乔柏叶，松身气象耸焉，藏参天覆地之意于盈握间，亦草木之英奇者。余颇爱之，植以瓦盘，置之小室。稽古之暇，寓陶先生郑处士之趣焉。”见图 3–8、图 3–9。

图 3–8　浙派盆景图示之一

图 3–9　浙派盆景图示之二

(2)扬派盆景

扬派盆景依据中国画“枝无寸直”的画理，创造了由十一种棕丝扎法组合而成的扎片艺术手法，使不同部位的寸长枝能有三弯(简称“一寸三弯”或“寸枝三弯”)，将枝叶剪扎成枝枝平行而列，叶叶俱平而仰，如同飘浮在空中的极薄的“云片”，形成层次分明、严整平稳、富有工笔细描装饰美的地方特色。见图 3-10、图 3-11。

图 3-10　扬派盆景图示之一

图 3-11　扬派盆景图示之二

(3)川派盆景

川派盆景以虬曲多姿、苍古雄奇为特色，悬根露爪、状若大树的特征，讲究造型和制作上的节奏和韵律感，以棕丝蟠扎为主，剪扎结合，即用棕丝在树干和分枝上蟠出连续渐变的半圆形弯子，并施以修剪。初造型时，以蟠扎为主，之后以修剪为主。川派盆景的造型方法以规则拐式为主。见图 3-12。

(4)徽派盆景

徽派盆景的主要造型形式“游龙式”是以杂木为树材，自小苗起逐步加工成型。其艺术特色为讲究对称、统一整齐、规格严谨。徽派盆景以用金属铝线蟠扎为主，小枝以剪为主。以端庄、对称的形态为特点，讲究生动自然、情景交融，形成苍古奇特、自然雄奇的艺术风格。见图 3-13。

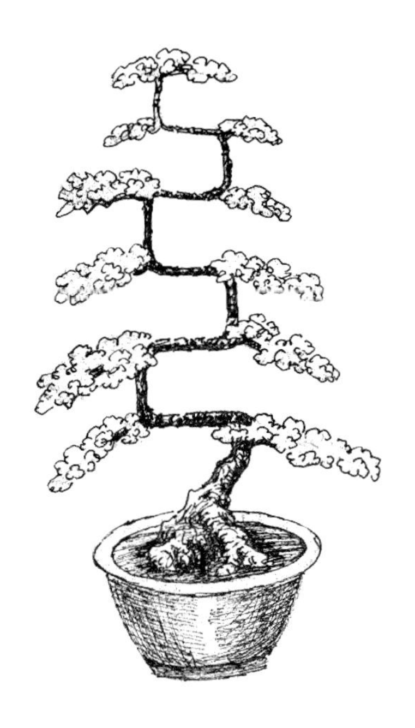

图 3-12　川派盆景图示

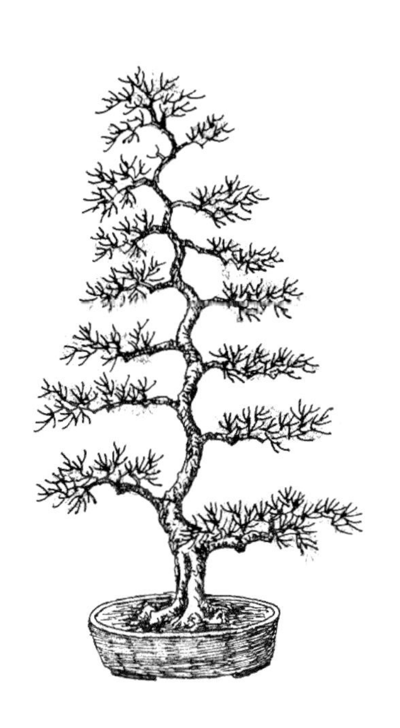

图 3-13　徽派盆景图示

(5)通派盆景

通派盆景选材精细,造型严谨。讲究对称造型,两盆一对或三、五盆一组。高大粗壮的主树居中,讲究立势;其余各盆"武树"对称,排列于两侧,且"坐地弯"朝向主盆,讲究飘势。盆景陈设讲究配盆配几,提名匾画,造型典雅庄重。在树木盆景的用材上也极富特色,以尖短叶罗汉松为"两弯半"的珍贵制作用材。其主要特色是寿命长,枝繁叶茂,枝条柔软,叶层密,叶质肥厚,树姿优美。见图 3-14、图 3-15。

图 3-14　通派盆景图示之一

图 3-15　通派盆景图示之二

(6)苏派盆景

苏派盆景以树木盆景为主,摆脱过去成型期长、手续烦琐、形式呆板的传统造型手法的束缚,注重自然、型随桩变、成型求速。

采用"粗扎细剪"的技法,对主要树种,如榆、鹊梅、三角枫等,均采用棕丝把枝条蟠扎成平而略垂斜的两弯半"S"形片子,然后用剪刀将枝片修成椭圆形,中间略隆起呈弧状,犹如天上的云朵;对石榴、黄杨、松、柏类等慢生及常绿树种,在保持其自然形状的前提下,对部分枝条进行蟠扎、弯曲、修剪,使枝叶分布均匀、高低有致。见图 3-16、图 3-17。

图 3-16　苏派盆景图示之一

图 3-17　苏派盆景图示之二

(7)海派盆景

海派盆景广泛吸取了国内主要流派的优点,同时借鉴了日本等海外盆景的造型技巧,形成了师法自然、明快流畅、苍古入画的艺术特点。在创作过程中,根据树坯外形,参照画意,模拟各类古树的形态特征,因势利导,进行艺术加工,使其形神兼备。桩景多用浅盆,使粗根盘曲、裸露,凸显树木雄伟古朴。海派盆景的树种和山石盆景选用的石种都比较丰富,树木盆景树种有一百四十余种,以常绿松柏类和形色并丽的花果类为主。见图 3-18、3-19。

图 3-18　海派盆景图示之一

图 3-19　海派盆景图示之二

(8)岭南派盆景

岭南派盆景受岭南画派的影响,旁及王石谷、王时敏的书法及宋元花鸟画的技法,创造了以"蓄枝截干"为主的独特的折枝法构图,形成"挺茂自然、飘逸豪放"的特色。创作题材,或师法自然,或取于画本,分别创作了秀茂雄奇大树型、扶疏挺拔高耸型、野趣天然自然型、短干密叶叠翠型等具有明显地方特色的树木盆景;又利用华南地区所产的天然观赏石材,依据"咫尺千里""小中见大"的画理,创作出再现岭南自然风貌特色的山水盆景。岭南派盆景多用石湾陶盆和陶瓷配件,并讲究景盆与几架的配置,题名托意,追求"一树(石)二盆三几架"的艺术效果,成为我国盆景艺术流派中的后起之秀和重要组成部分,在海内外享有较高的声誉。见图 3-20、3-21。

图 3-20　岭南派盆景图示之一

图 3-21　岭南派盆景图示之二

第四章　盆景艺术的继承与创新

一、继承是盆景艺术创新的基础

1.没有继承，就没有创新

盆景艺术是我国历史上遗留下来的宝贵财富。经过千百年的积累和发展，盆景艺术流派纷呈，百家争鸣。然而如果一味地墨守成规，没有与时俱进的创新，盆景艺术也会失去生命。从某种意义上来说，创新是对传统的继承与发扬，没有继承，也就没有创新。只有对传统的利弊有所认识，取其精华，去其糟粕，才能使盆景艺术真正表现当今社会的时代精神。

2.我国盆景创作的新气象

近年来，我国盆景创新取得了可喜的成果，比如由深盆到浅盆。过去的传统盆景用盆较深，现在的用盆越来越浅。运用浅盆使盆与景形成强烈的垂直对比，有利于展示盆中的大千世界，取得高远、深远、平远的透视效果。另外，利用陶瓷工艺品(如茶壶、花瓶)进行二次创作，达到完美的艺术效果。见图4–1、图4–2。

图4–1　茶壶盆景

图4–2　花瓶盆景

此外，还有以中国山水画为蓝本创作的长卷式树石盆景《富春山居图》，见图4–3。

盆景材料由少变多，盆景植物和石料在数量上有了新的突破。新技术应用不断涌现，如超声波雾化盆景的诞生、盆景无土栽培、电动工具的应用、盆景包装运输新技术等都给盆景事业带来了新的气象。

图4–3　富春山居图巨型盆景

二、创新应追求鲜明的民族特色和时代精神

1.在祖国的大好河山中汲取大自然的精华

大自然是最好的老师，师法自然是艺术创作的基本方法。我国的地形复杂多样，高山、大川、沙漠、戈壁各有特色。地理位置和气候条件的差异使得各地的植物、山石等自然资源非常丰富。随着旅游业的发展，人们有更多的机会欣赏祖国的名山大川、珍奇植物和风土人情。仅山石方面，诸如泰山的雄，黄山的奇，峨眉的秀，华山的险等都是盆景创作的最佳蓝本。认真观察大自然中的山水树木，认识自然规律，领略自然之趣、自然之妙，获得盆景造型设计的自然参照，是盆景艺术家们学习成长的必由之路。同时，通过对自然的研究、学习、借鉴、浓缩，能有效减少违背自然规律、主观臆造、死搬硬套的做法，可实现人工与自然的和谐结合，创作出比大自然更集中、更精练、更典型的源于自然、高于自然的盆景作品。图 4-4 至图 4-9 中的自然景观为盆景造型的蓝本。

图 4-4 树木(飘枝式)

图 4-5 树木(丛林式)

图 4-6 山水(坡脚式)

图 4-7 山水(峰峦叠嶂式)

图 4-8 树石(丛林式)

图 4-9 树石(水畔式)

2.借助中华民族传统文化，营造盆景的诗情画意

诗情画意即如诗的情感，如画的意境，一般指自然风景或艺术作品所蕴含的情趣与意境。宋周密《清平乐·横玉亭秋倚》词："诗情画意，只在栏杆外，雨露天低生爽气，一片吴山越水。"盆景的诗情画意是盆景造型艺术的精髓。

所谓诗情者，是指具有诗歌般的深远意境，不仅表现出美的景色，同时借景抒情，引起观赏者的无穷联想，达到"片山有致，寸树生情"的境地。这就要求盆景作者有较深的文学素养，多读诗文，借鉴艺术作品中的意境。中国有悠久的民族艺术历史，有唐诗宋词的高峰，还有历代关于盆景的诗歌作品，这是推动盆景艺术发展的得天独厚的条件。现举几例：

白居易《累土山》
堆土渐高山意出，终南移入户庭中；
玉峰蓝水应惆怅，恐见新山忘旧山。

李德裕《临海太守惠予赤诚石报以是诗》
闻君采奇石，剪断赤诚霞。
潭上倒映影，波中摇日华。
仙崖接绛气，溪路杂桃花。
若值客星去，便应随海槎。

康熙《盆中松》
岁寒坚后凋，秀萼山林性。
移根黼座旁，可托青松柄。

康熙《咏御制盆景榴花》
小树枝头一点红，嫣然六月杂荷风。
攒青叶里珊瑚朵，疑是移银金碧中。

周瘦鹃《七绝》
或像螭蟠或虎蹲，陆离光怪古梅根。
华堂经目尊彝供，返璞归真老瓦盆。

徐晓白《盆景艺术》
要知盆景妙，画意复诗情。
神似超形似，无声胜有声。

徐晓白《春水行舟》
景物十分妍，行舟绿水前。
春山如画里，应是雨过天。

3.立足于盆景"三大要素"，追求与时俱进的时代精神

盆景的创新要以盆景的三大要素（景、盆、几架）为载体，在三大要素的基础上寻求新的突破。三大要素是相辅相成、相因相生、相得益彰的关系。随着科技的进步和盆景新材料的涌现，盆景创新的三大要素有了更多的选择。图 4-10 是悬崖式造型配签筒，圆形的几架与方形的签筒形成对比，而签筒的高耸又烘托出悬崖造型的险峻。图 4-11 是飘枝式造型配方樽，古朴的几架棱角分明，与方形的花盆风格相谐，而飘枝的方向与几架脚的侧伸保持一致，增强了作品的稳定感。图 4-12 是提根式造型配椭圆盆，两头卷曲而又简洁的案几与椭圆形的浅盆融为一体，衬托出提根的虬曲与力量感。图 4-13 是临水式造型配圆钵，几架状若嶙峋怪石，松树蜿蜒曲折如青龙吸水，圆钵柔和之美既在形状上调节了上下体型的奇崛，又起到承上启下的作用。

时代的发展也为盆景的命名提供了带有鲜明时代特色的创作空间，极大地丰富和提升了作品的意境。

一切艺术的发展都会被打上时代的烙印，盆景艺术也不例外。盆景的创新，应当与新时代的哲学思想、美学观念、科学技术，以及人们的生活节奏、审美情趣等相协调。在汲取传统营养的同时，应当摆脱烦琐的陈规陋习，跳出旧的条条框框，追求自然之美，体现蓬勃向上的激情，简洁明快的节奏，自强不息的精神。只有融会贯通，合理筛选，反复实践，精心设计，才能创作出为广大人民群众所喜闻乐见的盆景作品。

图 4–10 悬崖式造型配签筒

图 4–11 飘枝式造型配方樽

图 4–12 提根式造型配椭圆盆

图 4–13 临水式造型配圆钵

第五章　盆景的植物学与地理学知识

一、盆景的植物学知识

盆景植物学是研究盆景植物生长规律的科学，研究的目的是更好地认识和掌握盆景植物的生长、发育规律和栽培特点，从而更好地控制、利用和改造它们，使之更好地生长，服务于盆景制作。

盆景植物包括的种类很多，下面重点介绍盆景树木。

1.盆景树木的分类及命名

分类：目前国内盆景树木的分类法有两种，一是系统分类法，一是混合分类法。所谓系统分类，就是按植物进化系统分类，由低级到高级。《中国盆景》（徐晓白、吴诗华、赵庆泉著）中的盆景植物材料部分就是按这个系统编排的。《盆景学》（彭春生、李淑萍著）也是如此编排的，裸子植物按郑万钧分类系统，被子植物按哈钦松系统。

混合分类法是将盆景树木性状和观赏特性结合起来的分类法。如《盆景制作与欣赏》（姚毓璆、潘仲连、刘延捷著）编排就是如此。它把盆景树木分成五大类：松柏类、杂木类、观花类、观果类、观叶类。这种分类法的好处是使用方便，日本一些盆栽专著也有这样分类的。

命名：盆景植物种类繁多，不同国家、地区常发生同物异名或同名异物的现象，不利于教学、生产、科研和学术交流，实有统一之必要。为此国际上采用统一的名称，即植物的拉丁名，也就是植物的学名。事实上，国内的许多盆景书籍在植物名称上不够规范，大家约定俗成，相互认同，基本上没有交流的障碍。本章对这方面的知识做一简要介绍，便于读者有系统的了解。一旦需要，盆景植物的学名是很容易查到的。

植物拉丁名是以瑞典植物学家林奈所创用的"双名法"给植物命名，后经国际植物学会确认，制定了命名与分类的法规。双名法是用两个词为植物命名的。第一个词是属名，第二个词是种名，一个完全的拉丁名还要在种名之后附以命名人（多缩写）。学名一律用拉丁文书写，属名的第一个字母要大写。如黄山松的学名是 *Pinus Taiwanensis* Hayata，其中 *Pinus* 是松属属名，*Taiwanensis* 是种名，为形容词，意思是台湾产的，Hayata 为命名人。

至于野生变种和变形等命名，则系在种名后加 var（varietas 的缩写）或 f（forma 的缩写），再列出变种名或变形名以及命名人。

2.盆景植物生态学常识

盆景植物生态学是研究盆景植物相互关系及盆景植物与生存环境相互关系的学问，旨在阐明外界环境条件对盆景植物的形态构造、生理活动、化学成分、遗传性和地理分布的影响，以及植物对环境条件的适应和改造作用。同时它也是盆景植物栽培、养护、管理、包装、运输的理论基础之一。盆景植物生态学的研究工作，国内外进行得还比较少。本书仅仅介绍有关盆景植物生态学的一些基本概念，包括盆景植物与环境的一般生态关系。

基本概念

（1）生态因子：亦称生态因素，即盆景植物生活所必需的环境条件。一般分为水、气、光、热、土、生物、人为因素、盆等。任何一个生态因素都是在其他因素配合下，通过环境对盆景植物起作用的。

（2）生境：各生态因子的总和，称为生态环境，简称"生境"。盆景的生境是一个小生境。

（3）生态平衡：环境系统中盆景植物之间相互作用而建立的动态平衡关系。生物为适应环境条件的变化而调整自己，建立新的动态平衡。如盆景植物叶子变小、植株变矮、根须增加、花果减少等都是为了适应盆钵少土、少水等环境而进行自我调节的一种动态平衡。

(4)盆景生态系统：盆景是由生物(盆景植物、微生物、人为因素)与非生物因素(水、气、光、热、土、盆等)组成的，彼此间相互依存，相互制约，形成一个不可分割的整体。这种生物与非生物之间，通过物质与能量的转移与交换，构成能量与物质运动的系统，称为生态系统。

在自然界和人类社会中，可以说任何事物都是以系统形式存在的。我们也可以把盆景中有生命的和无生命的看成一个相互联系、相互作用的具有一定功能的对立统一体，即盆景生态系统。盆景生态系统属于自然系统与人工系统相结合的复合系统。它既是开放的，又是一个不完全(缺少食物链)的生态系统。

(5)环境与盆景植物的生态关系：水、气、光、热、土是盆景植物最重要的生长环境。

水：水分是盆景植物生存的重要因子。只有在水的参与下，植物体内的生理活动才能正常进行。植物种类不同以及季节的变化会导致对水的需求量不同。

气：植物光合作用必须吸收 CO_2。盆景植物呼吸需要氧气。如果盆钵不透气、浇水过多或土壤板结，就会发生氧气不足的现象。空气中的不良气体对盆景也有危害作用。可见空气质量是盆景植物管理中的重要一环。

光：离开光，盆景植物就不能发生光合作用，所以光照也是植物生长的必要条件之一。不同的植物对光的需求程度不同，这就需要采取人工措施进行调节。

热：即温度。温度的高低与盆景植物的生长发育有着非常密切的关系，不同种类的盆景植物要求不同的适宜温度，南北方盆景植物的温度要求有很大差异。要根据实际情况保持盆景植物适合的温度。

土：盆土是植物无机营养和水分的仓库，对盆景植物十分重要。土壤中含有盆景植物生长所必需的七种常量元素氮、磷、钾、钙、镁、硫和微量元素硼、铁、锌、铜、锰、钼等。氮能保持美观的叶丛；磷、钾能增强枝干的坚韧性，促进开花结实，还能提高植物的抗寒抗旱能力；钙用于细胞壁的形成，促进根的发育；镁能促进叶绿素的形成；硫为蛋白质的成分之一，能促进根和叶的生长；铁在叶绿素形成中有重要作用，缺铁时叶子发黄；硼能改善糖的供应；锰在糖类积累及运转上有重要作用。缺少这些元素，盆景植物就会出现缺素症。

3.盆景树木的选择标准

盆景树木的选择标准应为：树蔸奇异，根宜悬根露爪；枝干耐剪宜扎；枝细叶小节间短；抗逆性强，病虫害少，耐移栽；最好有花有果。

二、盆景的地理学知识

山水盆景是自然山水景观的缩影，要制作山水盆景，首先应该弄清山水形貌的概念及其特征，才能做到“胸有丘壑，笔参造化”。山水盆景中常用的地形地貌术语简介如下。

1.山石类

山：陆地表面具有一定高度和坡度的隆起地貌。大致分为褶皱山、断块山、褶皱断块山三类。

山脉：成行列的群山系统，山势起伏，向一定方向延展，形似脉络，包括山谷和山岭。

峰：形势高峻的山，比较突出。

峦：形势平缓的山，比较矮小。

岭：连绵不断的山脉组成的山头。

岗：山的脊背。

山脊线：山脉高耸部分的延伸线，像兽类的脊梁骨。

巅：山顶。

崖：山上呈陡壁状的边缘。

岩：山的某部分伸出来的大石头。

壑：群山中凹陷的部分。

谷：两山之间能流水的道路。

峡：两山夹水的地方。

矶：江边独立突出的小山崖。

坡：由上而下呈倾斜的部分。

麓：山脚。

岛：江河湖海中突出水面的小山或小片陆地。

山口：又称垭口或山鞍，指高大山脊中相对低下的部分。山口常为高山峻岭的交通要道。

峰林：石灰岩地区圆筒形或圆锥形的石峰。

石林：规模较小的峰林。如云南路南石林。

天然雕像：岩石经长期风化形成的天然的人物、动物形象。如黄山的“仙人指路”，云南石林的“阿诗玛”，雁荡山的“夫妻峰”，桂林的“象鼻山”等。

溶洞：石灰岩遇流水和空气中的二氧化碳形成碳酸氢钙溶蚀而成的天然洞穴。

2.山水类

江河：天然或人工的大水道。

湖：被陆地围着的大片积水。

海：大洋靠近陆地的水域。

溪：山间的小河沟。

潭：山中深水池。

塘：水池。

瀑布：河水突然从山壁上跌落下来，远望时好像挂着的白布。

自然界的各种地形地貌是错综复杂的，除了解这些概念外，一定要多观察真实山水，增加感性认识，并通过山水盆景创作实践加深对盆景地理知识的理解。

第六章　盆景主要材料及工具

盆景最主要的材料是植物与石材，本章选取了最常用的 19 种植物以及 13 种石材并给出图示，然后还对盆器、土壤、摆件、几架等材料给出了图示，以使读者有直观的印象。除了材料之外，盆景制作必须通过相关工具才能完成，本章通过图示，在传统工具刀、斧、锯等的基础上，增加了电切割、电打磨、电钻等现代设备。

一、盆器

回纹椭圆盆、签筒、凹槽长方盆、鼓圆盆

虎耳长方盆、抽角开框四方盆、马槽盆

大理石浅盆

紫砂浅长方盆、紫砂浅椭圆盆

切割前茶壶

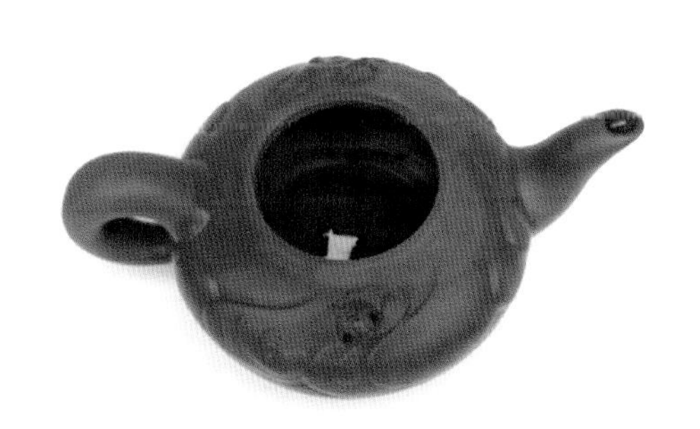

切割后茶壶

切割前花瓶

切割后花瓶

二、土壤

沙土、腐殖土、黄土

三、植物

五针松

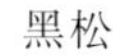

黑松

马尾松

台湾真柏

米真柏

铺地柏

罗汉松

博兰

对节白蜡

龟甲冬青

胡椒木

金边六月雪

雀舌黄杨

六月雪

香兰

小石积

小叶冷水花

肾厥　　青苔

四、石头

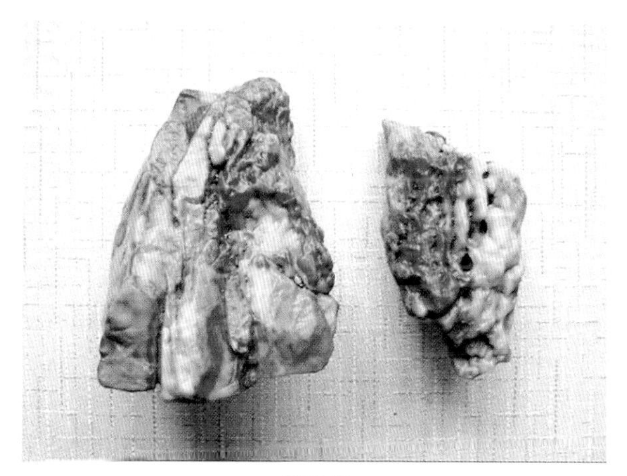

红玉石

风砺石

斧劈石

龟纹石

黄骨石

锦鳞石

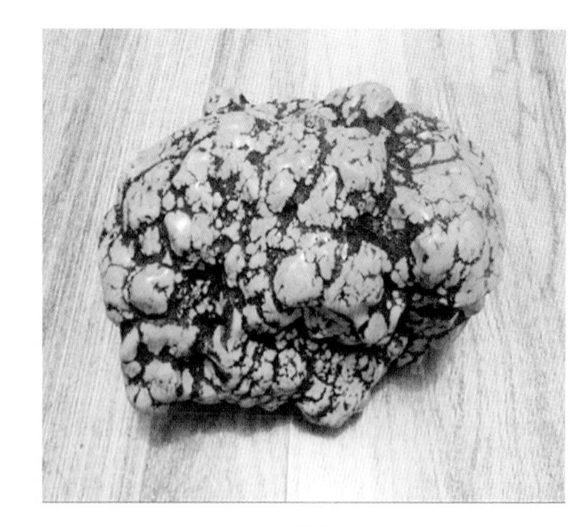

绿松石

千层石

鱼鳞石

英德石

芦管石

浮石

吸水石

五、摆件

帆船

房屋、塔、亭、排船

观棋、仙翁、谈天说地、书生、渔翁

牧童

渔翁

大象、金钱豹

六、几架

矮圆几

高凳圆几、根雕几

高低方几

高低圆几

连体几架

长方几、高凳圆几

七、工具

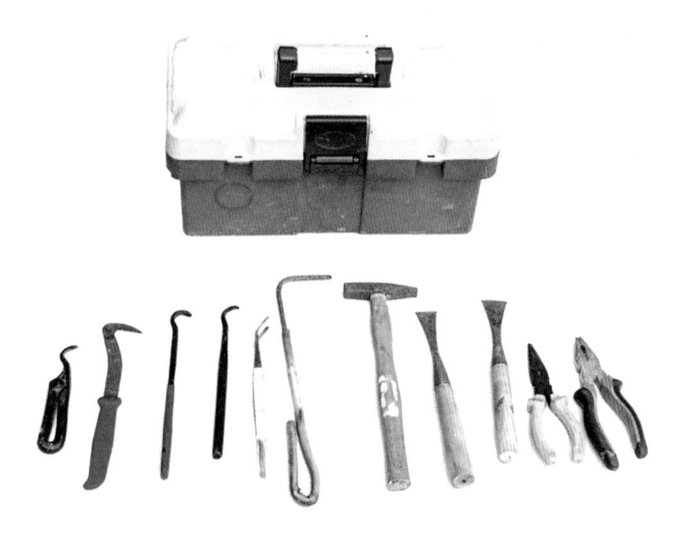

各类拉丝刀、镊子、翻盆钩、锤子、凿子(2个)、尖嘴钳、钢丝钳

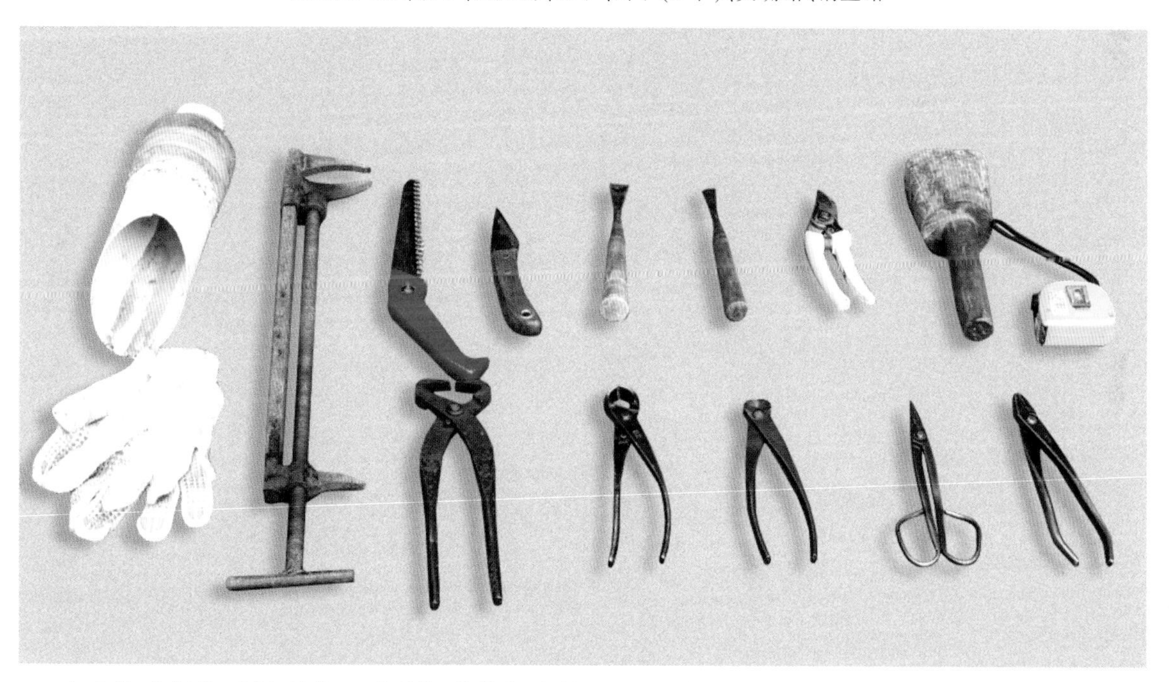

加土筒、拉杆器、手锯、嫁接刀、半月铲、剪枝剪、木槌、卷尺、手套 、破杆钳、球形剪 、断丝剪、叶芽剪 、铝丝钳

从上至下、从左至右依次为嫁接膜、愈合剂、铝丝(3卷)

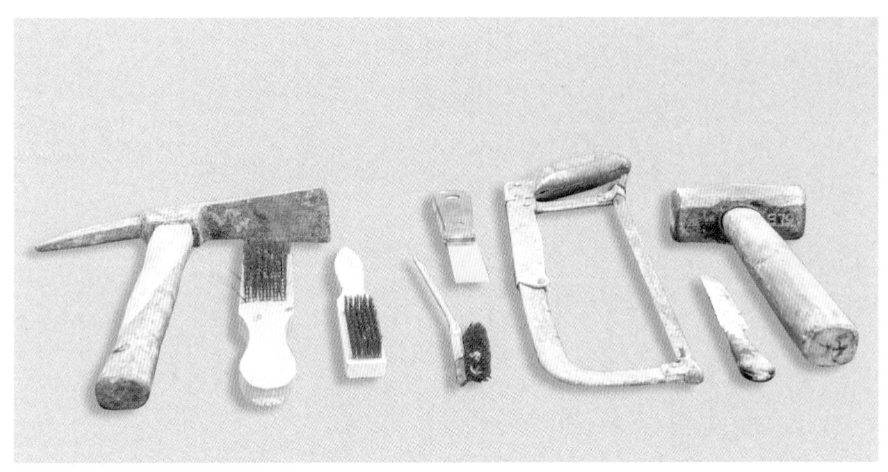
尖平镐 、钢丝刷(3 把)、平头刀、钢锯 、小灰刀、铁锤

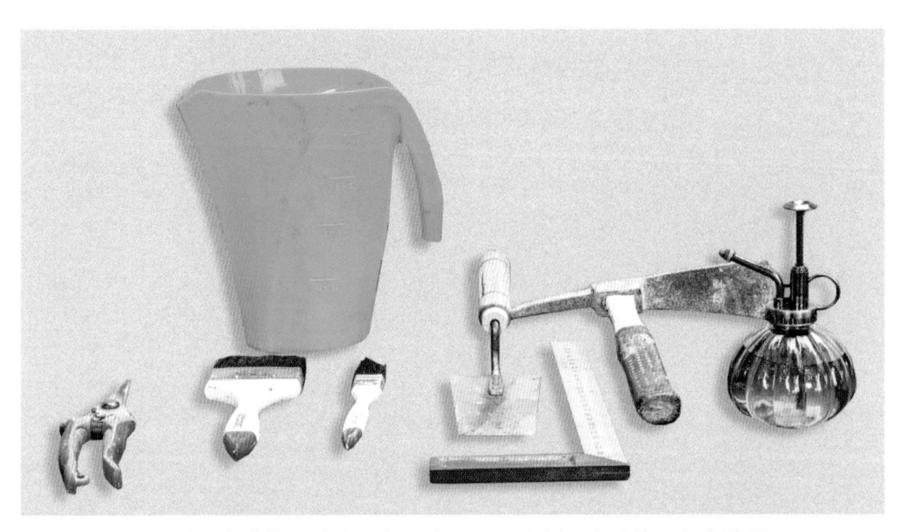
量杯、尖嘴剪 、刷子(2 把)、灰刀 、丁字尺 、尖平镐 、小喷雾器

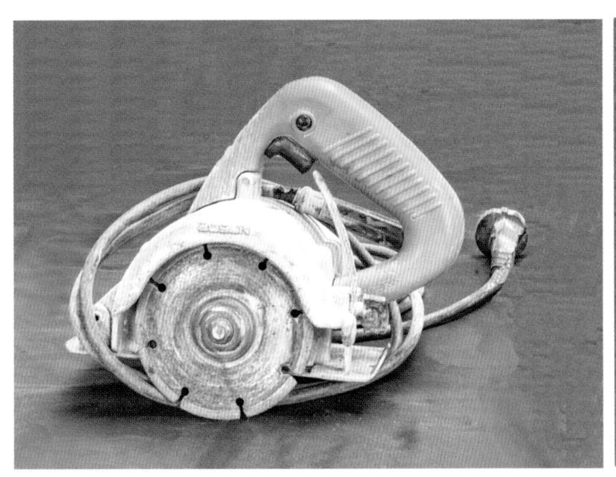
切割机

磨光机

水泥(2 份)、沙、装饰胶、工具

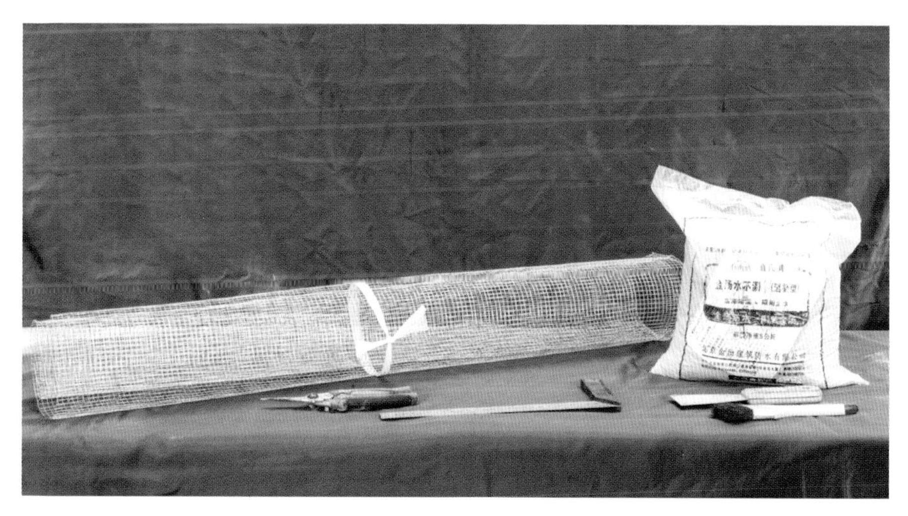

从左至右依次为铁丝网、剪刀、丁字尺、速干水泥、油面刀、排刷

云石胶及取用工具

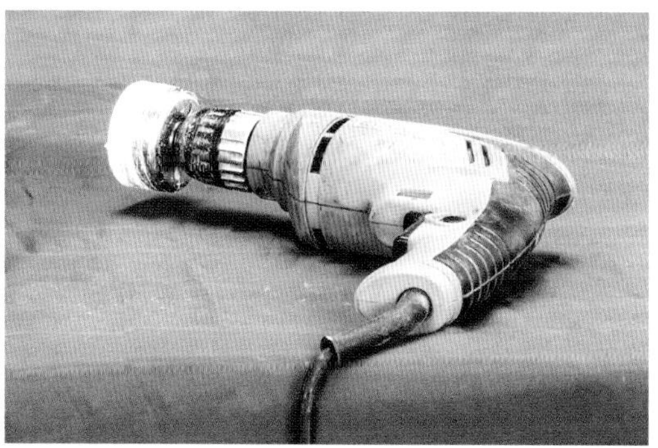

钻洞机

第七章　盆景的造型与技法

中国盆景分为七大类，下面介绍其中最具代表性的树木盆景、山水盆景两大制作技法。

一、树木盆景造型技法

树木盆景以树木为主要素材，以大自然古老大树的神姿风采为范本，用盆景艺术的表现技法进行造型。树木盆景取材于大自然，应根据材料的观赏特点因材施艺，经过艺术创造，创作神形兼备且有生命力的艺术作品。盆景技师们应用各种材料和工具对树木进行造型。制作技法有剪、扎、吊、拉、锯、切、破干、挑皮、锤击、雕饰、嫁接等，对枝、干、根进行造型。为参加展览等盆景文化活动，还会采取脱衣换锦、控水催花等技法，使盆景表现出最精彩的一幕。

(一)枝干蟠扎法

1.棕丝蟠扎

棕丝蟠扎法是中国盆景造型的古老技法，自明清以来是我国苏派、扬派、川派、通派、徽派等派别树桩盆景造型的最基本的方法。棕丝与树干颜色类似，蟠扎不会影响盆景的观赏效果，且不易伤及树枝，拆除也较方便，这是优点；不足之处是学习难度较大，效率也较低，从当今审美角度来看，观赏效果也不太好，故现代盆景造型已很少用棕法扎枝了。

棕法伊始，一般先把棕丝捻成不同粗细的棕绳，将棕绳的中段缚住需要弯曲的枝干的下端(或打个套结)，将两头相互绞几下，放在需要弯曲的枝干的上端，打一活结，将枝干慢慢弯曲至所需曲度，再收紧棕丝，打成死结，即完成一个弯曲(弯曲呈月牙形)。一般弯曲不宜过分，否则易失去自然形态。棕丝蟠扎的关键在于掌握好着力点，要根据造型的需要选择好下棕与打结的位置。

棕丝的蟠扎顺序，先扎主干，后扎主枝、侧枝，先扎下部，后扎顶部；每扎一个部分时，先大枝后小枝，先基部后端部。

各地盆景老艺人在长期的蟠扎实践中总结出很多棕丝扎法，现将扬派盆景的棕法介绍如下：

(1)扬棕

扬棕是在枝干或枝条下垂时采用的一种棕法，在枝条上部系棕，使枝条向上扬起，然后拿弯带平。(图 7-1)

图 7-1

(2)底棕

与扬棕情况相反，在枝条的下部系棕，使枝条下垂，然后拿弯带平。(图 7–2)

(3)平棕

用于枝条基本平行的一种棕法，使枝条在水平面内弯曲。(图 7–3)

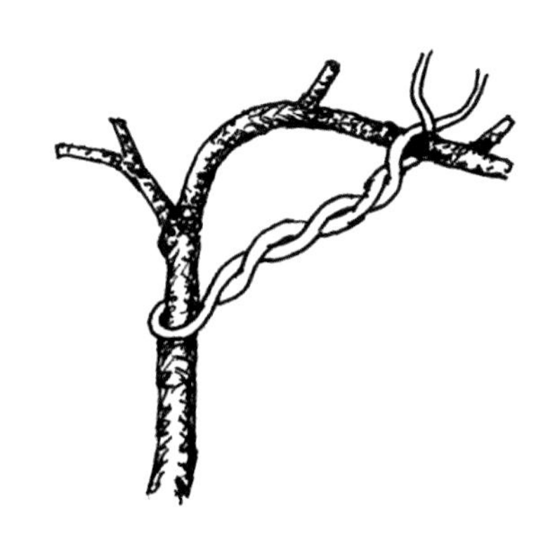

图 7–2

图 7–3

(4)撇棕

枝条有叉枝，两根枝条上下不等，拿弯正巧在叉枝位置上时所用的一种棕法。要点是系棕的位置要适当，主要根据拿弯的方向而定。如向左边拿弯，棕丝先经叉枝偏下的枝条一面，由下而上，系棕在叉枝向上的枝条一方，然后拿弯撇平。如向右边拿弯，则与向左拿弯相反。此棕法变化很大，可分为扬棕的撇棕、底棕的撇棕及平棕的撇棕。(图 7–4)

图 7–4

(5)连棕

在桃、梅的蟠扎中或枝条长而直时，不必一棕一断，而用一根细棕连续扎弯且棕丝不断。每扎一弯，先打一单结，然后把单结上的棕丝在前一棕丝上绕一下，从该棕丝下面钻出后，与单结下面的棕丝绞几下，再扎下一弯。(图 7–5)

(6)靠棕

靠棕是在枝条的靠枝上，为防止叉枝因蟠扎而撕裂的一种棕法。先在一枝上套上棕，交叉一下后，在另一枝外侧收紧打结，使两枝稍稍靠拢，使下一步弯曲枝条时，丫杈处不会撕裂。(图 7–6)

图 7–5

图 7–6

(7)挥棕

在枝条上若无下棕部位或下棕后易滑脱，或离下棕的位置太远或太近，则必须将棕丝系在枝条侧枝面，这就是挥棕。系棕在枝条侧面的称挥棕的平棕，系棕在枝条上面的称挥棕的扬棕，系棕在枝条下面的

称挥棕的底棕。(图 7–7)

图 7–7

(8)吊棕

吊棕分上吊和下吊。当扎片基本成型,发现枝条下垂又无法在本身枝条上用棕丝整平时,可以用上吊,即在主干上系棕,将枝条向上吊平。当枝条向上翘而又无法在本身枝条上用棕丝整平时,可用下吊,即在主干上系棕,将枝条向下拉平。(图 7–8)

(9)套棕

当扎片基本成型,发现某片或某枝条不十分水平时,采用套棕加以调整。系棕时一棕套在已扎好的前一弯的棕弦上,由枝条的上方或下方拉出,扎一下弯,使枝条在竖直方向产生微小位置变化,达到整平目的。(图 7–9)

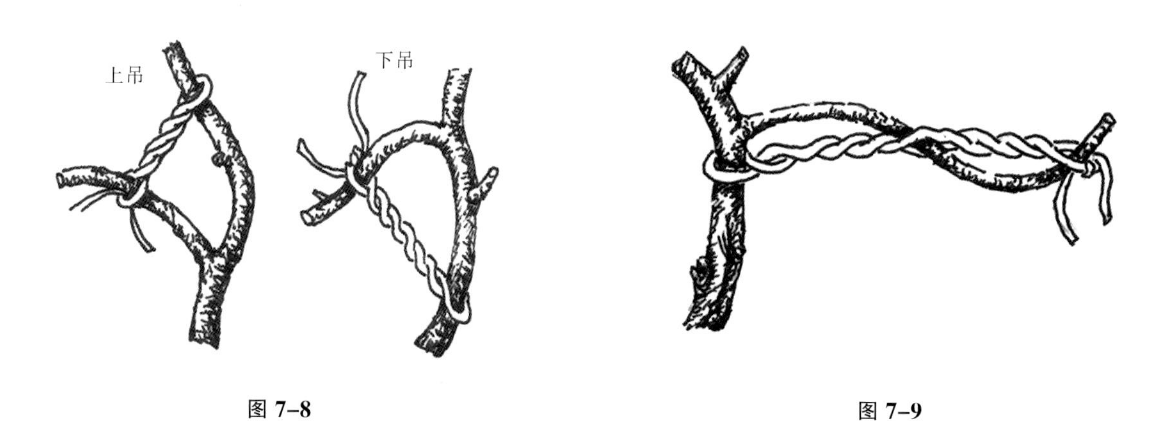

图 7–8　　**图 7–9**

(10)拌棕

当扎片基本成型,发现枝片水平而内枝分布不匀称时,用于在水平面内调整枝条位置的棕法。在相邻或相隔的枝条上系棕,作左右位移。(图 7–10)

(11)缝棕

当扎片基本成型,发现枝条顶端边缘小枝上翘或下垂又无法整平时,可用缝棕加以弥补。一般多用于扎好后的顶片。用一根细棕,在顶片边缘像缝衣服一样,将顶端若干小枝连成一圈,使边缘小枝不易下垂或上翘。(图 7–11)

(12)系棕

如遇弯曲较粗的枝干时,可先用麻皮包扎,并在需要弯曲的外侧衬一条麻筋,以增强树干的韧性。若树干粗弯曲困难,还可用纵切法。棕丝拆除时间一般是一年之后,不能延误太久。慢生树可延至 3 年左右,也需及时拆除。(图 7–12,图 7–13)

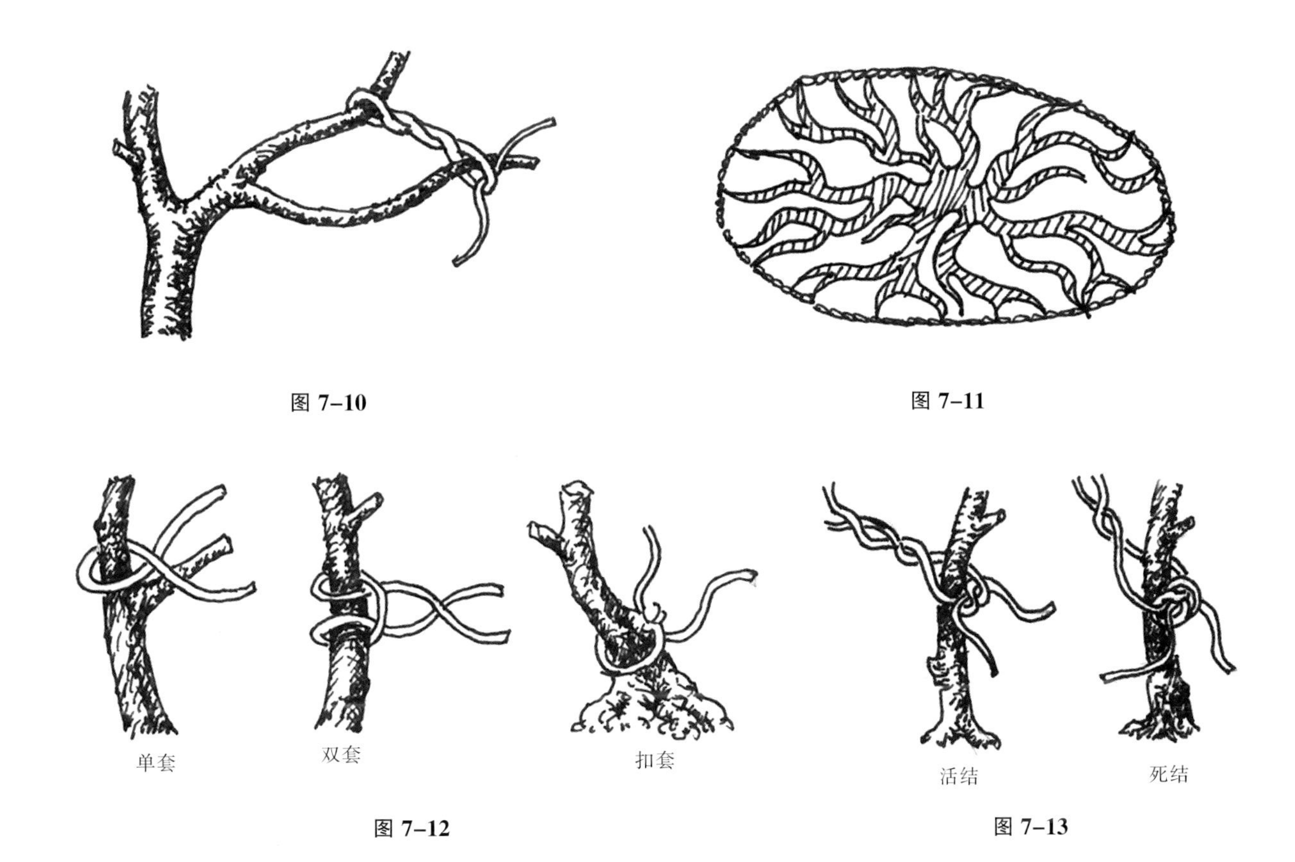

图 7-10

图 7-11

图 7-12

图 7-13

2.铝丝蟠扎

当今国内以及国外盆景造型一般流行用金属丝蟠扎。在 20 世纪七八十年代,国内很多地区用铜线、铁丝以及铝线蟠扎。铁丝太硬而且易生锈,既不好缠绕,又极易伤及树木,现已淘汰,很少人用它。铜线比铝线硬,使用起来并不十分方便,所以用的人也很少。

我们今天所说的铝丝蟠扎,主要讲的是铝线,铝线软硬适中,操作起来易于上手,省力省事高效,对树木损伤极小,故国内外现在都用金属铝线蟠扎造型。

蟠扎季节必须与树木生长特性相适宜,一旦蟠扎季节选择不对,易损伤树木,使树势变弱,甚至枯死。一般说来针叶树如黑松、五针松等,最佳造型季节是 9 月至翌年 3 月,即松树萌动之前。落叶树最佳蟠扎季节是休眠期过后,(翻盆前后)或秋季落叶后进行,因为这段时间枝条看得清楚,操作起来比较方便。但有的书上认为此时期蟠扎容易把嫩芽弄掉或弄伤,主张在春夏枝条木质化后蟠扎,还有的认为梅雨季节是一切树种进行蟠扎的最适当时期,众说纷纭。

根据笔者实践经验,针叶松类植物蟠扎季节宜在秋 9 月至翌年 3 月底为宜。至于杂木类落叶植物,大多数都可以一年四季进行蟠扎,罗汉松、真柏、侧柏、刺柏适应性强,一年四季可进行蟠枝,还有三角枫、对节白蜡、榆树、榕树、红果、朴树、火棘、博兰、紫薇等植物生性强健,愈伤能力强,一年四季皆可进行蟠扎造型,凡要蟠扎造型的树木造型前一定要确保长势旺盛,树旺势强。造型时注意勿伤树皮,这样就不会影响蟠扎效果。

对要进行蟠扎造型的树木,要提前 5~6 天对其进行控水,控水的目的是使枝条水分变少,枝条变软,利于蟠扎造型,特别是落叶树种,枝条易脆,更需提前控水。

(1)主干蟠扎

主干蟠扎通常是指对种植树苗的种植造型,树苗长到直径 1 厘米左右是最佳的造型时期,若再长粗,再蟠扎造型将困难得多。

根据树干粗度选择金属铝线,太粗了操作费力且易伤树皮,太细了铝线上不了力也就达不到造型的目的。一般情况下,直径 1 厘米的主干宜用 $\varphi6\sim\varphi7$ 毫米的铝线扎,即铝线的粗度以所要缠绕树干粗度的 2/3 左右为宜,所截铝丝长度为树干长度的 1.4 倍,过长浪费,过短不合要求。或先将铝线卷成小卷,这样利于操作，用多长剪多长。

铝丝固定：把截好的铝丝一端插入靠近主干观赏面背后的土壤泥团里，一直插入盆底。另一种固定法是将金属铝线一端缠在根茎与粗根交叉处，另外还可以找树根的间隙或树杈缠绕固定。固定程序很重要，若操作中固定不紧、松松垮垮，极易伤及树枝。(图 7–14)

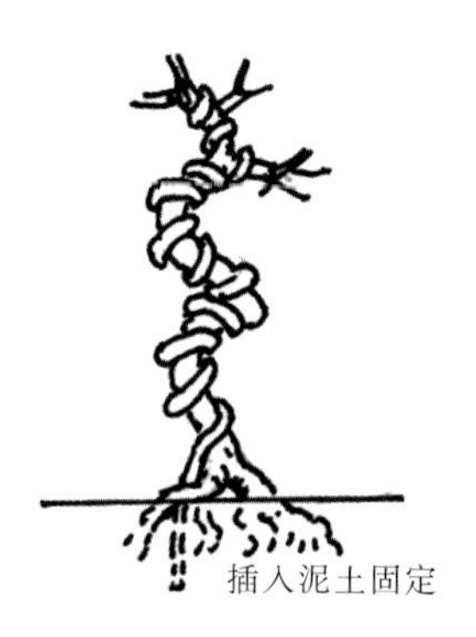

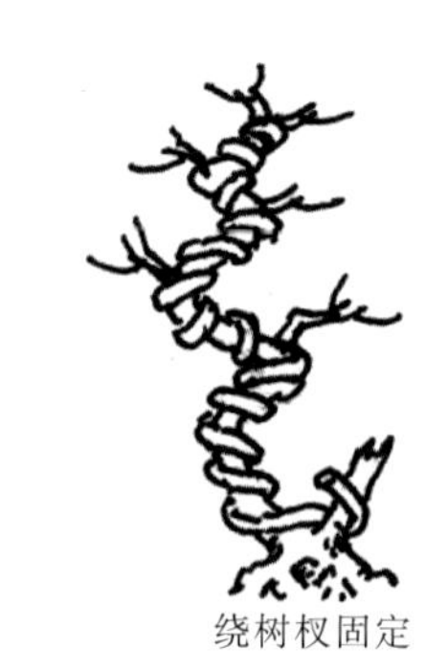

图 7–14

缠绕方向、角度与松紧度：缠绕铝线按顺、逆时针方向均可。金属丝与树干要呈 45°。角度太小时，缠绕的圈太稀，没有力度，绑不住树干，达不到造型要求。缠绕铝线时，要右手拿铝线，左手中指、食指顶住树干与铝线行走部位，右手带紧铝线，紧贴树干，徐徐沿 45°缠绕，由下而上，由粗而细，用力均匀，稍为带紧，间隔一致，一直绕到树梢。左手要一直配合右手，顶托住缠绕受力部位，否则会折断。注意缠绕不能太松，太松铝线绑不紧树干，达不到拿弯目的，要稍紧，以不伤树枝为好。(图 7–15)

图 7–15

拿弯：缠好铝线后开始拿弯，拿弯时双手用拇指和食指、中指配合，慢慢配合重复多次，使其木质部和韧皮部都得到一定程度的松动和锻炼，起到软化木质的作用。先大弧度挤弯，然后重复挤压缩小弧度，以求达到造型要求。如果一开始就用力扭曲，很容易折断。还可以在拿弯过程中用旋扭之力扭弯且不易折断，即旋扭时，右手握住枝条上部，用力方向与铝线缠绕方向相同，边旋边扭，此法运用熟练后效果也很好。拿弯时有时树木较脆，一次性达不到理想弯度，可先拿弯一般，余下的一星期后再扭一次，或再过一星期再扭一次，如此反复，直到弯曲度达到理想要求为止。用力时如不慎将枝条折裂，可用电工胶布包裹缠绕几层也可补救。如枝干太粗，而金属铝线又偏细，可采用双股缠绕，以增加力度，也可以借用“吊、拉、举”，采用造型器等手法，调整枝条的角度与方向。(图 7–16)

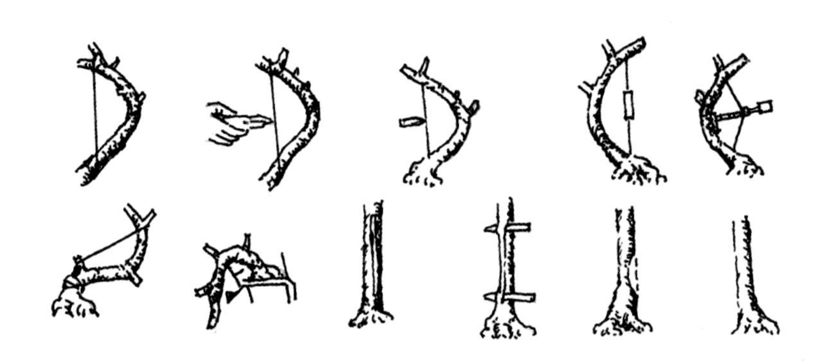

图 7–16

(2)主枝蟠扎

主枝蟠扎整形前，先将过密的和有碍观赏的枝条疏去或剪短，经过仔细地修剪后方可用铝线缠绕。树桩盆景造型，忌平行枝、辐射枝、重叠枝、对生枝、交叉枝、顶心枝、反向枝、扁担枝、腋下枝、直线枝、徒长枝等。(图 7–17)

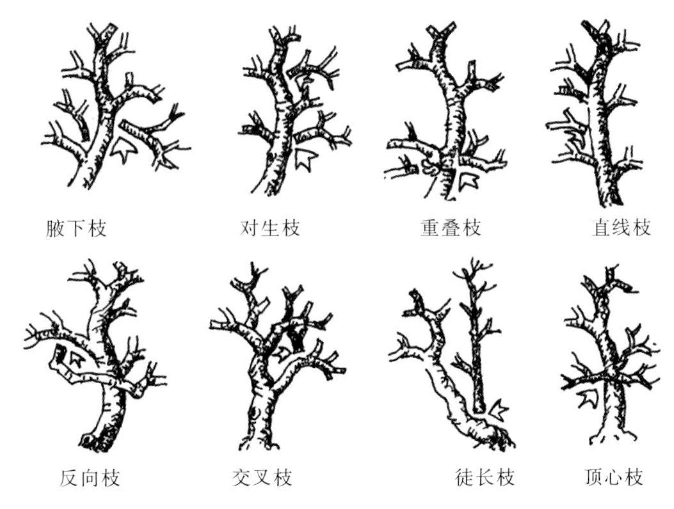

图 7–17

主枝蟠扎首先应该注意铝线的着力点。(图 7–18)

在枝干上随意搭头，就无着力点，但也不应该为了增加着力点而反复缠绕。在可能的情况下，一条金属线作横绕两枝，将金属铝线的中段分别缠绕在邻近的两个主枝上，既省料又简便美观。(图 7–19)

图 7–18　　图 7–19

在两条铝线缠绕同一条枝干时，不能交叉缠绕成“X”形。两条铝线同绕必须保持同方向，呈“X”形交叉缠绕，如着力方向不同会使力量抵消。(图 7–20)

主枝枝片方向，一般第一层下垂幅度大，越向上越小，直到平展斜伸。第一层枝片弯成斜垂姿态时，如下垂角度不够，可用绳子或细金属丝拉或吊，使枝条上到理想的角度。(图 7–21)

图 7–20

图 7–21

(3)蟠扎后的管理

扎后3~4天要浇足水，避免暴晒，叶面注意喷水，以利愈合，小枝完型时期，生长旺盛半年之后拆线，慢的吊一年拆线，拆线的时间要看具体情况，倘若铝线已深深陷入树枝内形成陷丝现象，要赶快拆线，否则铝线会嵌入木质部，造成枯枝或全株死亡。粗枝要1~2年后方可定型。具体拆线时机也要视具体情况而定。拆除铝线时应自上而下，自外而内，小心为之，不可鲁莽行事而折断树枝。

(二)枝干拿弯法

1.木棍拿弯

用木棍、竹竿别弯树干，以达到树木拿弯造型的目的。(图7-22)

利用盆景剪枝时剪下的粗枝条，直径2厘米左右，均长60~90厘米，剪去树叶，保留部分枝托5厘米长，将树枝的大头削尖插于地上树苗根旁或盆中的树苗旁，树干可在插枝上的枝托上任意弯拐缠绕，此法不雷同，效果佳，取材容易，简单、方便、易行。(图7-23)

图7-22

图7-23

2.铝丝虬曲拿弯

用铝线对盆景树枝进行蟠扎造型时，铝线打好之后，双手用拇指、食指、中指的配合，双手拇指顶住树枝需弯处，双手配合用力往怀里慢慢挤压，此过程基本上是对树干拿弯部分垂直用力，这是拿弯法之一。(图7-24a)

在拿弯过程中，还可以左手握住枝条需拿弯部位，右手紧握树枝靠树梢一端用力虬弯，右手同时顺时针旋转(铝线也必须顺时针方向)弯虬之力，使树干木质部裂且软化，达到拿弯目的。虬曲拿弯法扎出的枝条弯急，弧度小，角度优美，实际使用效果也证明此法行之有效。只是在操作时要注意暗力的运用，切不可用猛力，要旋转弯虬一下，再松一下，如此反复，操作熟练之后，作者亲身体验到此法因是用旋转之力弯虬，相较双手拇指顶压的垂直单向受力更容易拿弯且不易折断枝条。实际操作中，两种拿弯法可结合使用。(图7-24b)

虬曲拿弯法对直径1~2.5厘米的枝条造型非常适用，对于黑松、罗汉松、五针松等树苗造型也十分得心应手，只是对直径3厘米的枝条就无能为力了。

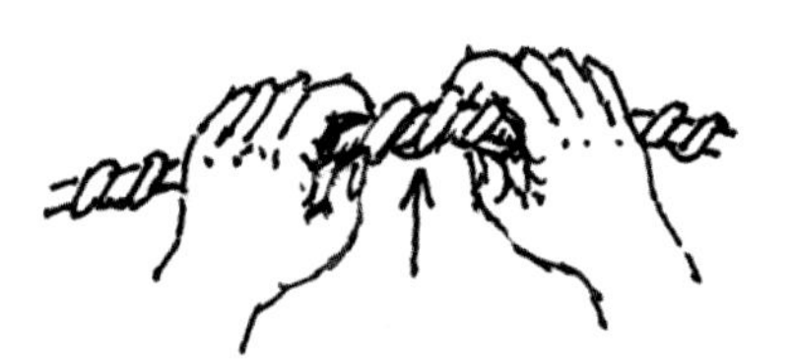

a.垂直用力

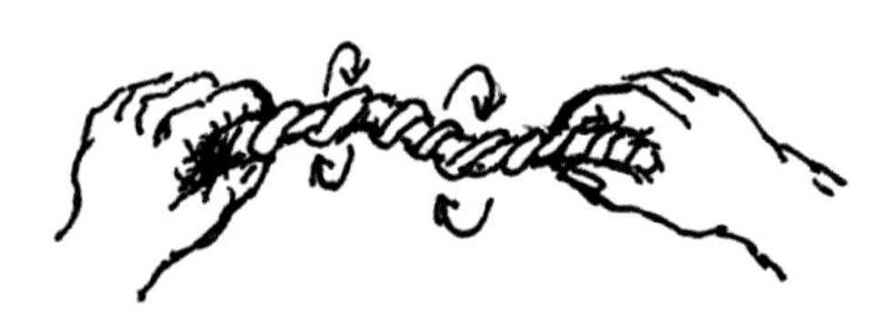

b.旋转用力

图7-24

3.枝条破干拿弯

在树枝蟠扎造型实际操作中，经常碰到需要造型拿弯的树枝，但就是这样一条关键枝，太直太硬，十分影响作品的品质，必须拿弯。如果这条枝直径超过3厘米，就需在直树枝硬直部位拿弯。

破干，是指用破干法将树枝需要拿弯的部位从正中间破开的方法。

将需要拿弯部位用破干钳咬开，伤口要有3~5厘米，具体破干伤口长度视情况而定。破干的目的是使树干局部一分为二强度变小，便于拿弯。

用纱布或电工胶布将破干的伤口环状缠绕双层，两头要多绕2厘米，尽可能缠紧。缠绕纱布或胶布的目的是包裹伤口，保持水分使之不挥发，并在缠铝线拿弯时即使用力虬曲也不至于伤及树枝或尽可能减少对树枝伤口部位的损害。

用直径1厘米铝线双线缠绕树枝要拿弯的枝条。铝线要带紧才有力，打好铝线后可运用虬曲拿弯法，将须拿弯部位用力旋转弯虬，松开再进一步旋转弯虬，第二次比第一次压的弯度更大，如此反复，直到弯度满意为止。

为防止弯度还原，在虬弯之后，用金属丝或拉或带，让其固定。（图7–25）

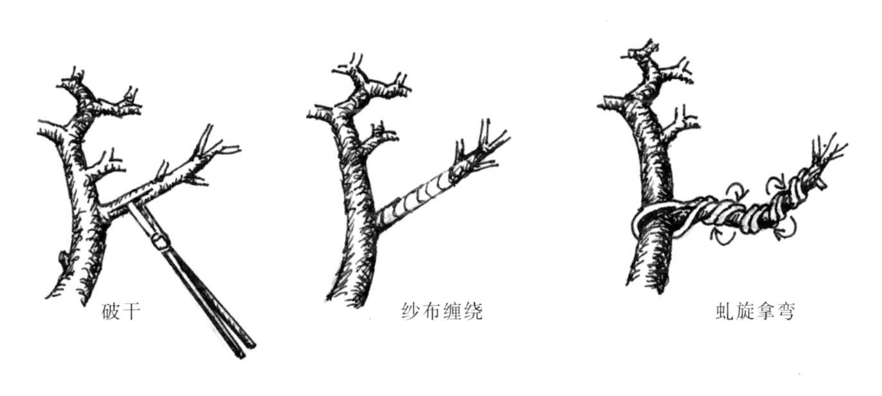

图 7–25

（三）枝干增粗法

1.锯切拿弯增粗

在盆景蟠扎造型时碰到大飘枝、下跌枝等，重要枝条太粗太直不美观，需要拿弯时，对于有些愈伤能力强的树种，如榕树、三角枫、榆树等树种，经过锯切拿弯之后，伤口会迅速愈合，两三个月之后便愈合得非常好了。因此，此法对于那些生长快速、愈伤能力强的杂木类树种拿弯造型，是一个正确的选择。

锯切，准确地说，是将要拿弯的树枝，拿弯处垂直下锯，锯口深至枝条的一半多，可隔2厘米再锯，锯二至三锯，枝干截面变小，强度变小，就可以用金属拉带拿弯了。

选取锋利的手锯，看好下锯部位，一般锯口在枝条下方，准确下锯，锯口深至木质部的一半多，用右手按压树梢压弯即可。视情况可以两锯，下锯时注意锯口平直，勿伤周边树枝，也不可锯得太深而折断树枝。

用金属丝拉带，将枝条带弯。如弯曲度不够可以再用锯子铣宽锯口，视情况或可再锯一锯，直到全弯曲度满意，并保证切口木质部平齐无间隙，金属丝拉带紧，不能丝毫松动。

用电工胶布环状包扎锯口，缠绕三层，这样既可以让伤口快速愈合，又可起加固作用。（图7–26）

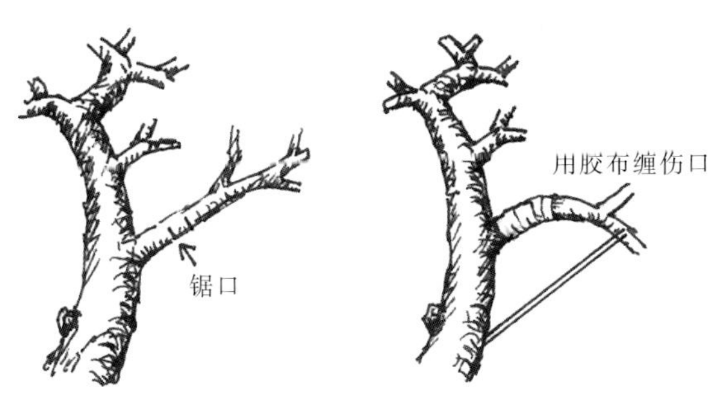

图 7–26

2.挑皮增粗

在盆景造型蟠扎中常常碰到盆景桩头或枝条上有这样那样的缺陷，比如桩头凹陷、扁平等，影响盆景视觉效果。此时，可运用枝干挑皮增粗法，在枝干有缺陷的部位，人工对它进行刺激，当树干受到创伤后即会进行愈合，并会迅速输送养分到伤口，使其尽快愈合，形成伤疤并隆起增大增粗，变成嶙峋突崎，从而变得苍劲老辣，使原有缺陷渐渐消失。

在树干或枝条凹陷、扁平部位，用利刀对树枝作纵向划界，每条长 2~4 厘米，隔 1.5 厘米后再划再挑，然后用刀将左右的枝层轻轻撬离木质部，最后用手轻轻压回被撬离的皮层，使木质部与皮层接触(避免创伤露空)，促进伤口愈合。

挑皮增粗法一般以树木皮层较厚的树种效果较好，如榆树、榕树、三角枫、福建茶、朴树等，它们的愈合能力强，会很快形成疤痕，而鹊梅等薄枝树种则不理想。

挑皮增粗法在时机上以植物生长最旺盛的春季至秋季为好，还要求施艺树木生长旺盛，这样安全保险、效果好。(图 7–27)

图 7–27

3.击打增粗

对于一些树干或桩头有缺陷的盆景，以及某些盆景想取得苍疤嶙峋、遒劲老辣的艺术效果，也可以通过用铁榔头或木槌等工具轻轻拍打树皮、树身的方法，对树木进行损伤刺激，当树木受到外力击打，树身负伤后即会进行自我愈合，形成伤疤隆起，树干、树身变得沧桑嶙峋，苍劲老辣。

用平头木质槌子轻轻锤击树木凹陷处及周边，击打数十锤，如果树皮无损伤，可增加力量，力量大小以伤及树皮但不可将其击烂击碎为准，稍稍伤及树皮树木是会很快愈合的，为了保险，可先轻轻击打一次，过两个月之后如若树皮毫无变化，说明力量小了，可加重力量再锤击，如果效果明显，树皮开始隆起，则说明有成效了。

击打增粗法一般适用强健且树皮较厚的树木，如榆树、榕树、三角枫、福建茶、朴树等树种。

操作施工可选择在树木生长的旺季春夏季进行。还要求将要施艺的树木长势旺盛。(图 7–28)

图 7–28

4.破干增粗

盆景制作过程漫长，感觉最难的还是盆景枝托部位长粗太慢，许多作品往往树型优美，只是托位粗度与主干粗度严重不匹配，使得作品品质大打折扣。而破干，不光用于拿弯，也可使树木枝干增粗。但我们用破干钳或手锯将枝托的某部位破开或锯一道锯口时，即是人为的外力对植物局部进行损伤刺激，而树木受到创伤后即会愈伤，并会加速输送养分到伤口部位，形成疤口，快速增粗。实践证明此法操作简便、运用广泛，对于枝托增粗十分有效，有心者不妨一试。

用锋利的锯子将树木需要被增粗枝托与树干结合部位锯一锯，锯口一般深入木质 1~2 厘米，如果托位较宽，可隔 1.5 厘米再锯一锯，然后用封口胶涂伤口。

对于枝条的某中间部位需增粗，也可以下锯，但锯口深度不宜超过树枝粗度的一半，且须用金属丝带紧，用电工胶带将伤口多层缠绕，以防风吹易折。

此法对树干、树枝、树皮皆可使用。对新种树苗，若用破干钳将树苗枝干部缝中破干，将来树头比没破干的大得多且美观。

此法适用于强健且树皮较厚的树木，如榆树、榕树、三角枫、福建茶、朴树等树种，操作宜在春夏生长季进行。(图 7–29)

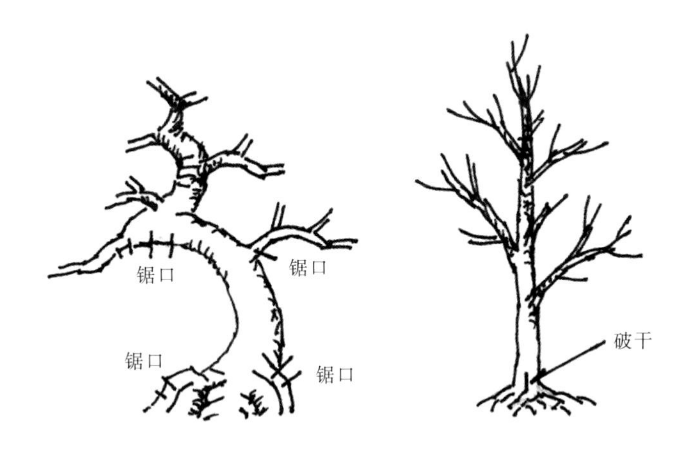

图 7-29

（四）枝干沧桑法

1.枯枝雕饰

盆景树木由于种种因素会有树枝枯死，或有的枝条由于造型不美需要截除。在很多情况下，盆景制作者为了省事，将枯枝一锯了之，既整齐又干净。然而现代盆景极力追求天然野趣，盆景树木中的枯枝亦属自然现象，完全可以借鉴大自然天然枯枝枯干的原生态，吸取其精华，人工施艺，雕刻修饰，使其达到“虽由人作，宛若天成”的艺术效果。

将枯死的树枝锯短，一般保留枯死部分不可太长或太张扬，以免喧宾夺主。

树枝剥法

用勾刀、刻刀、圆凿等雕刻工具将枯枝托刻成凹凸不平、高低不一的仿自然状，雕刻时要顺木纹施艺，力求做到“虽由人作，宛若天成”。

也可使用电动雕刻机雕刻，追求秀润和天然一致。

雕刻完成后，涂上石硫合剂，连涂两三遍，防止腐烂。（图 7-30）

图 7-30

2.舍利干雕刻

在我国秦岭山脉、太行山脉等北方的许多地区，高山崖缝中生有许多的几百年乃至上千年的古柏，品种有侧柏、圆柏、崖柏等。柏树常年生长在山崖岩缝这种极端恶劣的自然环境中，常年受风雪雷电侵袭，生长的形态怪异，虬曲多变，雄奇老辣，且有许多枝条已枯死数百年却依然神采奕奕，不腐不朽。盆景人称这些枯枝为舍利干。盆景中的舍利干，是柏树盆景中的神枝，虽无枝叶之秀，却铁骨刚健，雄风犹在，成为盆景造型中的重要组成部分。

当代盆景松柏流行，舍利干雕刻也成为一种炙手可热的技巧，现将一些基本的雕刻方法介绍如下：

工具准备：大小型号勾刀、半圆凿、榔头、钢丝钳、老虎钳、球头剪、斜口剪、枝剪、手锯、电动雕刻机以及各种雕刀头、打磨头、钢丝刷、木头砂纸等。

寻找一株值得制作舍利干的真柏、刺柏、圆柏、侧柏均可，从前、后、左、右四面审视真柏树，找出树木的亮点、特点，选取最美观赏角度。

依据真柏本身的骨架脉络，结合自己的创作经验确定创作思路、创作方案，并绘制出创作图纸，依据图纸创作。先保留好后来需制作成舍利枝的枝条以及需要扎片的造型枝，进一步梳理过多的无用的枝条，使造型脉络更清晰，并可避免过多过密的枝条影响后面的雕刻操作。

用钢丝刷将真柏主干擦刷干净，刷去灰尘以及翘起的树皮，轻轻将树皮刷成暗红色。用黑色记号笔在真柏的主干上画出雕刻水线，注意画水线应从树木根部开始，为了造型美观，水线不可太直，应呈螺旋状由下而上。留出制作舍利干的枝条，先剪留到合适的长度，再用嫁接刀小心剃去舍利枝上的枝皮。用利刀（嫁接刀、界刀）沿主干所画出的水线切划，切划时要用力果断划破树皮，深入木质，要一刀成功，不可反复。前后的水线切好后，可用翅子、小刀挑起树皮，剥去树皮，保护好水线。

雕刻主干的舍利干，力求自然而有深浅、高低、通透变化。碰到树木主干上有树疤，须保留树疤，顺树疤的纹理小心拉丝雕刻，这样雕刻出的效果更加自然生动。遇到木纹拐弯旋转，雕刻时定要因势利导，顺其纹理雕刻出深浅、凹凸不平的变化，最后用小勾刀拉出丝理。

用木工砂纸将舍利干上的毛刺、刀痕等打磨抛光，使之更自然。依原设计图给柏树保留枝条蟠扎造型。

整体审视调整，配盆换盆，使真柏作品更加美观。作品制作成功，让新雕的舍利干风干一段时间，再给作品舍利干细细打磨，然后涂上石硫合剂。

3.桩头锤击

用铁榔头轻轻锤击桩头各部位以及树干，树木由于外部受到强力刺激，桩头、树干各部位布满创伤，树木会自动开启愈伤功能，迅速将养分输送到伤口部位，加速自我疗伤，生长快、愈伤能力强的树种，如榆树、榕树、三角枫等，经过一个生长季节的生长愈伤，只要伤口面积不太大，基本上可以全部愈合，见不到人工锤击的痕迹，且全树姿态更显沧桑遒劲。

选用铁榔头锤击桩头时轻轻用力，可以锤密一些，一锤接一锤击打树枝，锤破树皮无妨，但不可将树皮锤烂掉，小心为之。

注意事项有两点：其一，一定在春夏生长旺季选择茂盛的树木实施；其二，树种以树皮较厚的朴树、三角枫、榆树、榕树为主，薄皮树及其他树种谨慎试行，待有实践经验后方可再行。

（五）树枝调节法

1.枝条生长调节

在盆景种植过程中，常常遇到最想它长粗的侧枝，如大飘枝、悬崖枝、临水枝、下跌枝等枝条往往长得最慢，究其原因，是由植物的生长特性决定的。我们知道，植物生长有顶端优势的特性，就是说处于树木顶端、树梢最高的枝条生长最快。而大飘枝、悬崖枝、临水枝、下跌枝等处在树木的下端，营养往下运输慢，处于生长弱势中，因此此类枝条生长慢也就可以理解了。

在种植过程中，可以通过调节树木的顶端位置，或通过局部修剪手法来抑制其顶端的生长，让长势较快的枝条通过抑制调节让它生长慢一些。顶端优势枝条被抑制了，那么，处于树木下端的枝条得到营养调节渐渐变旺，自然就长快了。这种植物生长调节的手段就称为枝条生长调节法。

用"吊、拉、带"手法，将顶枝拉低，使其不再具有顶端优势，将处于树木低端大飘枝底下插入一根木棍，将大飘枝末梢顺木棍往上抬，让其末梢尽量往高往上，用绳绑紧。小心操作，尽量不伤树枝，操作之后，让大飘枝末梢朝上而原顶枝被压制，大飘枝自然生长快了。（图 7-31）

如果嫌悬崖式盆景跌枝生长太慢，在制作时可选择倒种，让大飘枝朝上种植几年，自然就生长快了。

对树桩上部生长过快且粗度已够的顶枝，可以将其顶端剪去一部分，这就相应抑制了顶枝优势，助推

树木下部枝条加快生长。(图 7–32)

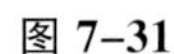

图 7–31　　图 7–32

2.枝条角度调节

我们知道,盆景树木不同于野外原生态树木的一点是,盆景作品中全树的枝条经过造型师的蟠扎后,枝与枝之间的角度、方向已十分协调统一,整齐有序,而野外原生态的树木,其枝条杂乱无章。

准备 2~3 厘米金属铝线或建筑扎架用的塑料扎带,对要调整拉带的枝条,运用“吊、拉、带”等手法,将枝条调整到满意的角度,枝条直径宜在 1~5 厘米为宜,太粗就吊不动了。

此法为岭南盆景基本技法,枝条带准角度后,任其生长,长到足够粗后再截枝。

“吊、拉、带”时须注意,金属铝线捆绑枝条受力处宜加皮垫,以免日子久了捆伤枝条。

用金属铝线也可蟠扎枝条,改变枝条的角度与方向。(图 7–33)

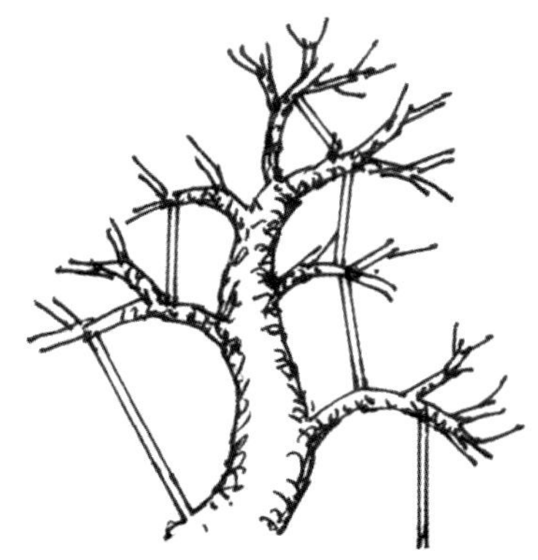

图 7–33

(六)蓄枝截干法

1.蓄枝截干

蓄枝截干是岭南盆景的造型手法之一,它的整个工艺过程都是以剪为主,很少蟠扎。

截干,是指把不符合造型要求的主干和长短不符合比例要求的枝条截短或截除,让树胚再度发芽,重新长出侧枝来。用此法反复施艺,使重新长出来的枝干达到作品的创作要求。

蓄枝,是指对新萌芽长出的枝条进行蓄养,无论树干还是枝条,当它长到符合粗度要求时,按长度要求进行剪裁,再让其萌发新枝,进行反复造型。这两个过程是同时进行的,合称为岭南盆景截干蓄枝法。

育干,是指胚头经过剪裁锯截之后,树干长出新的侧枝,选生长好的侧枝育成主干的工序,又称以侧代干。在实际生活中,野生桩头大多不会十分完美,有这样那样的缺陷,这就要保持胚头的旺势,以截干的手段进行改造,所育成的新干,它的每一节大小比例、长短与伸张方向,都须按事先的设计构图施行,必要

时先绘设计图纸，按图选好枝干。(图 7-34)

按预先的设计要求，决定枝条部位、粗细、角度方向，在培育过程中，注意每个一枝条的长势，当枝托达到设计粗度之后，即进行剪截，待所种桩头枝托上萌芽成新枝后，再剪截，再育，反复进行，以达目的。(图 7-35)

图 7-34

图 7-35

操作过程中注意如下几点。

(1)萌发：植物的萌发期与萌发力，在植物萌发前或萌发期中剪截的枝条，萌发率特别整齐，芽苞壮大，若在非萌发期，虽也会萌发，但树势弱，会影响新枝的生长。

(2)萌芽：植物促进萌芽的条件，一般的植物摘光了叶子之后，即起到促芽作用，很快就会重新萌芽(休眠期除外)，有些植物如鹊梅、九里香、榕树等，在全树仍带叶的情况下进行单枝修剪，也能萌芽，很方便剪枝造型。而榆树、朴树则要全株摘光叶子才能萌芽。还有罗汉松修剪，更不能将叶子全部摘掉。

(3)抹芽：枝条经过剪截之后，很快就会萌发新芽，要及时将多余的芽苞抹除，及时抹芽既可使枝条集中优势生长，又可以减少枝条过多出现在被剪过的伤口。

(4)修剪检查和剪除无用枝：树上生长的徒长枝、腋下枝等不要的枝条，要随时剪除，这样既保持通风，又可集中养分，使保留枝条得以快速生长。(图 7-36)

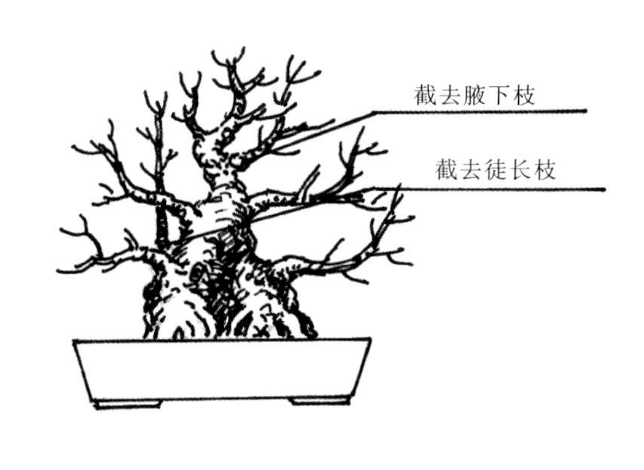

图 7-36

(5)弯枝：枝条有合理的弯曲才能表现出苍劲老辣。岭南盆景以剪截为主、蟠扎为辅，一般是在枝条生长旺盛时期，运用“吊、拉、带”等手法将枝条茎的一段带弯。待到这一段长到足够粗度时在弯曲之间截取长度。

(6)顺角:顺角的工序是使枝条的脉络流畅,枝条的夹角要在30°~40°,因为一般的枝条的出枝都是生成直角的,因此,必须用人工把它带顺。可用铝线或绳缚扎,任其与主枝一同生长,等到主枝长到足够粗度时,把主枝剪截,被整理过的横枝即为主枝,剪截后新长出的枝条,也应用金属铝条把它带顺,这叫顺角。

(7)封口:枝干经剪截后,伤口过大,宜用植物封口胶涂抹伤口,可避免水分流失,减少细菌感染,提早萌芽。

2.截干新枝蟠扎

将需要造型的盆景树种养旺盛,截除对生枝、徒生枝、重叠枝、腋下枝等无用的枝条,保留将来造型所需的枝条,保留枝条要注意分布合理,前后、上下、左右都有分布。运用“吊、拉、带”等技术手段将保留枝条基部弯曲度、角度吊拉到设计角度。

截干,就是当盆景树保留枝条长到足够粗度,此时就可以运用截干蓄枝法,保留枝条基部4~5厘米,其余部分截除。待其托位上长出新枝,新枝条长粗到6~10毫米时,再用铝线蟠扎造型。此法结合岭南盆景截干蓄枝法,截与扎完美结合,既方便实用,保证了作品的高品质,又缩短了造型周期,值得总结与推广。

首先,截除树干上徒生枝、对生枝、重叠枝、腋下枝,保留造型所需的枝条,抹去无用的芽点,将所需要造型的枝条基部,吊、拉、带到设计角度,然后放养,薄肥勤施,让枝条快速长粗。(图7-37)

经过一至两年的放养,若枝条粗度长到主干的2/3或1/2,就可以截干了。保留枝托基部3~5厘米,其余截去,截口涂上植物封口胶,以利枝托萌发新枝。

图 7-37

图 7-38

枝托上新芽生出，几个月后新枝长到6~10毫米粗，就可以按设计要求，对全树新枝蟠扎造型，扎片时注意树冠的整体性，注意叶片之间的疏密、大小、前后变化。（图7-38）

（七）粗扎细剪法

将需要造型的树木盆景种养旺盛，留取将要造型的枝条，注意枝条前后左右的整体分布。对于不美观的腋下枝、顶心枝、对生枝等逐渐截除，对所留的枝条，用铝线进行蟠扎。所谓粗扎，是指对树木盆景枝条的造型，主要对枝条主脉络进行蟠扎，而支脉上的分叉枝条，挑大的蟠扎。细剪是将高出叶片细小的枝条采用剪片的方法剪除，此法应用较广，也可使盆景早日形成丰满的叶片。

1.清除闲枝

剪除对生枝、腋下枝、徒长枝、顶心枝等，抹去多余的芽点，保留造型所需的枝条，注意枝条前后、左右、上下的分布，将枝条养旺养粗。（图7-39）

2.蟠扎造型

当枝条粗度长到6~10毫米，此时可以对所留枝条进行蟠扎造型。扎出盆景作品整体叶片的疏密，前后、大小、高低以及树冠的整体形态。（图7-40）

3.反复修整

对于枝条上的细枝，可以用剪的手法剪除细枝高出叶片部分，让其生长数月后，再剪枝片，一年剪三次，如此反复，叶片在一年内初成。每年冬季，可摘叶修剪，梳理交叉枝、重叠枝，对生枝、徒长枝等，经多年梳理修剪，作品将叶片丰满，枝条遒劲流畅。（图7-41）

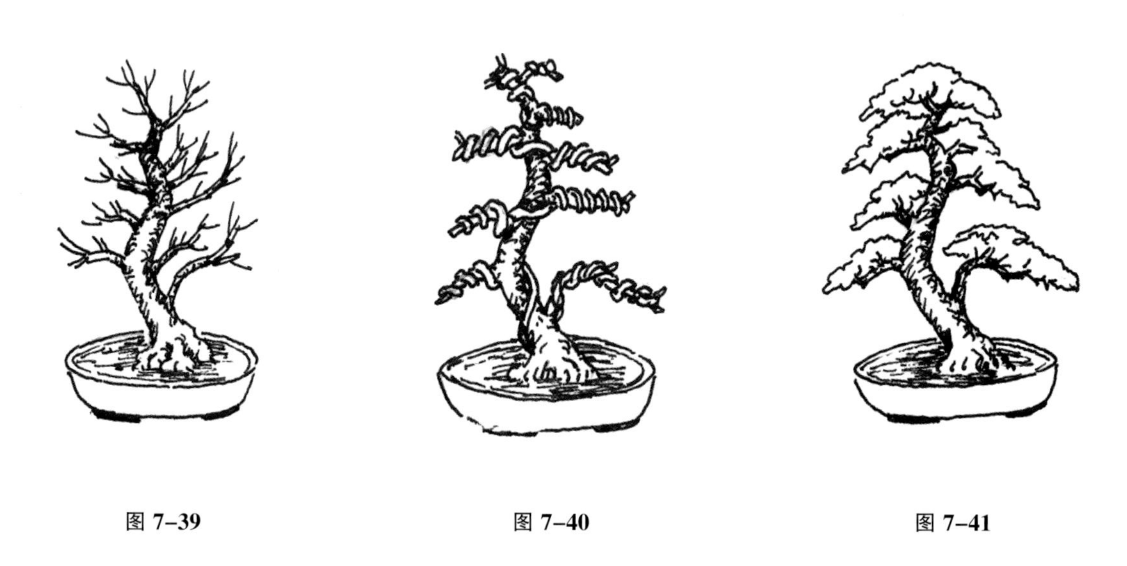

图7-39　　**图7-40**　　**图7-41**

（八）抹芽法

春天，或枝条经过剪截之后，经过一段时间孕育，就开始萌芽，有些盆景树种萌芽率较强，如榆树、三角枫、鹊梅、福建茶、朴树、博兰、中华蚊母等，剪截之后会在伤口处长出一大堆的新生芽，要及时抹芽留枝，抹去多余的影响枝条长出的无用芽，才能确保保留枝条营养集中，快速生长。

芽点集中长出，待到芽头苗壮后，一个枝位选取保留一至二个壮芽，其余的弱芽统统抹去。

过一段时间（一个月左右）枝条切口处或许还会长出新的芽点，还要抹去。

好多树种树身也会长出芽，如造型上不需要，要随时抹去树主干、主枝或桩头上的不定芽。

（九）锯伤诱芽法

有的盆景树木一半边枝繁叶茂，另一半边枝干上一大截光光的没有枝条，树形有严重缺陷。此时可以运用锯伤诱芽法，选择好的枝托部位，用利锯开口，深入木质部1~3厘米，局部锯伤对植物产生刺激，植物会迅速输送养分,结疤、愈伤、长粗或诱发新芽。

此法只适用于萌发力强的树种,比如榆树、榕树、三角枫、紫薇等,对松柏无效,可选择在植物生长期的春季施行。

芽点托位的选择宜在树木弯曲的阳角开锯口。

锯口深度在 1 厘米以上,粗壮树木可再涂些伤口胶。(图 7–42)

图 7–42

(十)树干靠接法

有些盆景桩头不错,树干上有缺陷,树干半边没有枝托,没有芽点,使造型很难完美,遇此情况,可以采用嫁接办法来解决。

盆景宜采用"丁字枝"靠接法,这种方法不仅能使生长出来的枝条方向角度确定,而且生长速度较快。

靠接要求嫁接对象是同科(最好同属),可以用自身的枝条嫁接,也可以用其他枝条靠接。

靠接最好选择在春、夏季,这是植物一年中生长最旺盛的时期。

在树干选定的部位用利刀或平口凿切一个凹形的横切口, 深入木质部 1.2~1.5 厘米, 嫁接枝条选择 1.2 厘米左右粗即可,若嫁接枝条细,则开凹形切口相应要小。

在选定的壮嫩枝条(丁字枝的)底部削成凸状三角形。

靠接时注意树干形成层要与接芽形成层对齐,并理顺丁字枝方向,然后用麻绳将靠接枝与树干绑紧,或直接用长 2~3 厘米细铁钉钉紧,注意最少要 2 颗钉才稳,若是钉钉子,则伤口处涂一层厚 2 厘米的封口胶,可防水、防腐、防菌。

剪除枝上部分的树叶,减少水分蒸发,以利发芽。约经过两个月的生长,即可解开麻绳察看伤口愈合情况(一般来说,三角枫、榕树等杂木树种愈合较快,而柏类则慢得多,罗汉松需要半年时间伤口才愈合)。如愈合情况良好,牢固稳当,可将靠接的主枝的头部和尾部剪掉(俗称"剪脐带")。

所留用的丁字枝就是为弥补树干缺陷的补枝。(图 7–43)

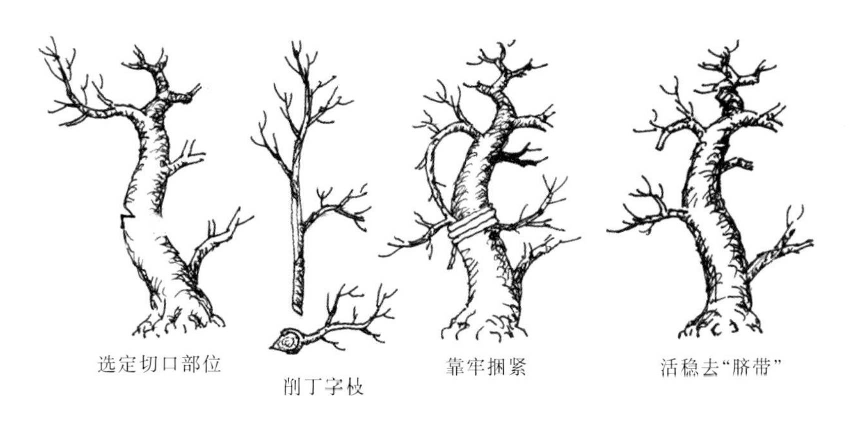

图 7–43

(十一)补根嫁接法

胚头补根嫁接。在有缺陷的树胚桩头缺根部位,补靠一棵小树苗,亦称靠根法。

靠根对象必须是同属,且以树皮较厚为好。靠上的根其实是一株小树,这株小树根的形状、大小和方向,要服从大树胚的整体要求,切除靠主干部位的小枝与部分根,以使根系与大树胚一样向外放射生长。

靠根操作要选择在植物生长的旺季即春、夏季进行,雨天不宜。

用锋利的刀子在靠接的小树适当部位(即小树树干将要被嵌入树胚切槽中的部位)靠树胚的一侧削

去一半树皮。

用利刀或半圆凿(凿宽 1 厘米)在树胚底部需要靠根的部位凿出坑槽,如果小树直径 2 厘米,那么凹槽必须宽 2~3 厘米,深 2~2.3 厘米,太浅了将来一不小心就会拉脱。凹槽须光滑平直,树苗进入凹槽后大小要紧密配合,形成层对齐。

用长 3~3.5 厘米铁钉将小树牢牢钉紧,钉钉时注意铁钉不要在一条直线上,要错开钉,如在一条直线易使小树裂为两半。位置宽的话可错位多钉 2~3 颗铁钉,确保小树又牢又稳。然后,用植物封口胶涂伤口,不使伤口渗水,这样伤口愈合快。

若伤口又大又长,靠根法一般要一至两年后方可将靠上去的小树的树梢截断,并且还要有较长时间(1~2 年)来愈合疤口,消除靠接痕迹,与主树长成一样。(图 7-44)

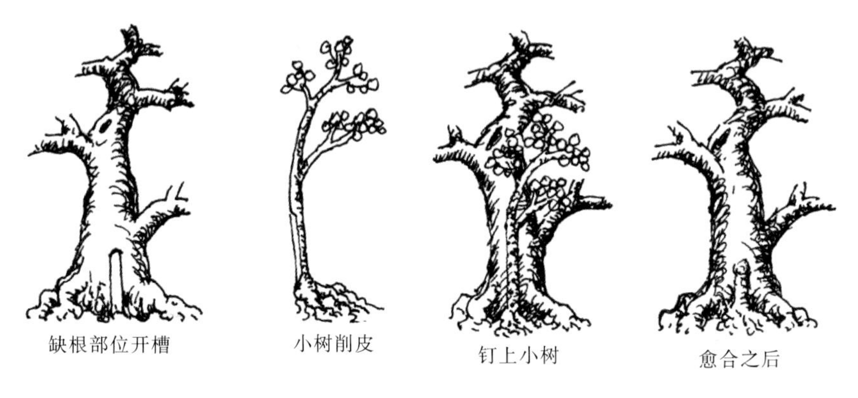

图 7-44

(十二)理根法

盆景根部的外在形状十分重要。在盆景作品中,根部的外在表现往往决定了这件作品的高下,甚至是成败的关键。

树木素材大多数不可能尽善尽美,根部总存在着这样或那样的缺陷。大部分缺陷都可以经过三到五年或更长时间整改与生长,使原来的缺陷得到逐步的治理,乃至根除。只要善于识别美丑,掌握要领,方法得当,一切都是可以达到预期的。

要理根,先要提高对根之美的鉴赏能力,要弄清楚什么样的根部造型最美,什么样的根部是属于不美的,什么样的根部是丑的、忌讳的。

根据盆景界大多数人的审美习惯,美的盆景根部须高高隆起,粗壮的、块状板根最吸引人,块状板根的四方必须以板根为中心,有粗壮的条块状根系,像抓地的龙爪,向四个方向呈放射状生长。根状须起伏自然、流畅,须千变万化而协调、得体。没有人工刀斧锯切痕迹,没有人工的平面、直角面,没有腐烂现象,表皮鲜活,且与主干的粗细过渡十分自然贴切。(图 7-45)

图 7-45

那么,哪些根形是不美的,需要整理改造的呢? 这些不美的根形在生长过程中又如何施艺改造呢?经过笔者多年来的实践,不美的根形可以总结为杂乱根、楼层根、交叉根、长直根、单边根、平行根、平面根等几种。

1.理顺杂乱根

桩材根头部位长满了大大小小的根,繁杂混乱、杂乱无章,且以细根为多,无主次、无条理、无力度,观赏价值极差。这是日常盆景制作中的常见问题。华南地区的榕树、华中地区的对节白蜡等树极易产生这种现象。总之,凡是生根极容易的树种,土稍稍埋高一点,就极易生杂乱根。

每年五六月份是树木生长的旺季,应加以强剪,剪细留粗,清杂理顺。还有每年一二月份给盆景翻盆时，也要剪去部分细小的杂乱根，根据树头的对外伸展方向留粗根。治理杂乱根不能一次性完成，要多年多次视树头生长情况来剪。一次不能剪得过多，以免影响植物生长。理顺杂乱根前后效果见图 7–46。

图 7–46

2.清理楼层根

根部同一竖直线上出现多条细小根，或同一水平面上出现高低不同的好几条根，盆植之后总有几条根高出土面，而且往往都是非常难舍的较粗根，根悬而空，抓土不牢，影响了树头过渡到树干的线条流畅，给人以虚而不稳的感觉，影响了作品的效果。

盆植之后，凡是高出盆土土面的根，只要不是特殊造型需要，一般都要切除，按常理来说，须根高出盆土不美(提根盆景因根已成干，所以例外)。因此，从整体出发，一定要切除这些根上根，切除时也应在树木生长的旺盛期逐步进行，不能操之过急。清理楼层根前后效果见图 7 47。

图 7–47

3.理顺交叉根

根与根之间交叉重叠，你穿过我，我压着你，反复交叉缠绕，这样的根形零碎无比，杂乱无章，无序无理，严重影响了根部线条的统一、和谐、流畅，在根部造型中最为忌讳。

选择在树木生长的旺季，对交叉根进行有计划的逐步切除，注意根体的四方留根，看准要保留的较粗根，剪除其余弱小的交叉根，留强剪弱，留顺理横。然后涂上封口胶，年复一年，所有的根都将以树身为中心向四面八方自然延伸。理顺交叉根前后效果见图 7–48。

图 7-48

4.调整长直根

由树根部向四方生长的根又直又细又长，由于都是细细的直根，像是用直尺画得非常机械的直线，既呆板又毫无力度。根部显得碎而细，力度感没了，根部的美无从谈起。

如果将这些又直又长的根截短，让它重新发新根，那么随着盆龄的增长，你就会看到根部越来越美了。这里借鉴岭南盆景截干蓄枝法，将过长的直根留 3~6 厘米，多者截除，涂上封口胶，让其生新根。截根工作一定要在树木生长最旺的时候进行。一棵树如果有多条直根需要截短，一定要分两年或三年进行，千万不可操之过急。凡需截根的树，平时肥水、阳光要充足，以保持树势强盛，动刀动锯才不会影响其正常生长。调整长直根前后效果见图 7-49。

图 7-49

5.单边补根

树干非常漂亮，四周两面或三面有根，另一面或两面有明显的缺陷，虚空无根，而其余的根板非常好，这就是单边根，或称偏根。一件作品如出现偏根，将使它出现重大缺陷，树身给人以不稳定感，力度感也大打折扣，大大降低了整株盆景的美感，树干树枝再漂亮也枉然，艺术价值与经济价值将随之降低。

在桩头虚空无根处补种一到二株同品种树苗，树苗长旺之后，于春夏之间将树苗与根体靠接(靠接之法在此不多述)。靠接的苗子尽可能粗壮一些，一年之后一大一小的二株树就成为一体了，再让苗子部分放长，三年不剪，则根部就会慢慢地与主体根融为一个统一协调的整体。然后，可以切除苗子的顶部，偏根的不偏了。此法简单易行，非常有效。单边补根前后效果见图 7-50。

图 7-50

6.切除平行根

桩头上有两条或多条直根，呈十分规则的整齐排列，根根平行，行行整齐，就好像是工厂里生产出来的产品而不是在大自然中生长的，因此，必须对它加以改造。

要打破根系的这种平行关系，有效的办法就是截除或截短，有两条则留粗去细，有多条则要因势利导，视具体情况决定去留，原则是打破平行关系。截除工作一定要分先后多次完成方才不会影响树木生长。切除平行根前后效果见图 7-51。

图 7-51

7.理顺平面根

桩头根体的任何部位出现锯截的斜面根、平面根、立面根，都是对桩头自然状态的破坏，既生硬又粗糙，十分影响观赏效果。

桩头埋在土内部的根斜面、平面、锯切面，只有养出新根，养出粗根，方可根治。这个过程是一个漫长的养护、整理过程，五到十年方可初见成效。

至于土面以上的立面、斜面、平面，可以先施以雕刻之法，借鉴大自然树木的舍利干，对平面处进行高低自然起伏的雕刻，再涂上防腐剂，几年之后伤处一定会很自然苍古。或借鉴树干沧桑法击打树根，几年后树根会显得老气沧桑。

综上所述，树木理根技术是一项细致、漫长的工作，掌握好了可以化腐朽为神奇，取得意想不到的效果。理根的同时一定不要忽视了养护，理根效果的好坏将直接取决于树木养护水平的高低。理根是项综合工程，是盆景艺术造型十分重要的一环。理顺平面根前后效果见图 7-52。

图 7-52

(十三)提根法

提根,顾名思义就是树木的部分根离开泥土,高高提起。

盆景提根,三五条粗根扭曲盘旋,似舞者群扭,自然生动,在盆景造型艺术形式中独树一帜。

深盆种植需要制作提根式盆景的树桩或树苗,可以用浅盆打围的种植方法将树桩或树苗种好种茂盛。

对于深盆种植的树桩或树苗,树势生长良好,可在立春前后换成中深盆,将植物提根 2~3 寸,即换盆土时去掉树木土球最上层的 2~3 寸泥土,在此过程中,可有意识地保留几条粗根,剪去细根;对于打围种植的树桩或树苗,在长势良好的情况下,拆除或剪去所打围圈上的最上层,高度以 2 寸为宜,然后,保留三五条粗根,浮出的细根、粗根上的细根则可全部剪除。

一年后的春天,可以沿用去年提根的同样手法,给盆景提根 2 寸左右,如此反复,年年提 2 寸,直到盆景提根初见艺术效果较为美观为止。

经过三五年的提根操作,已达到设计效果,这时可以给提根盆景换上一个适合的紫砂盆,换上紫砂盆后,艺术效果显现。(图 7-53、图 7-54)

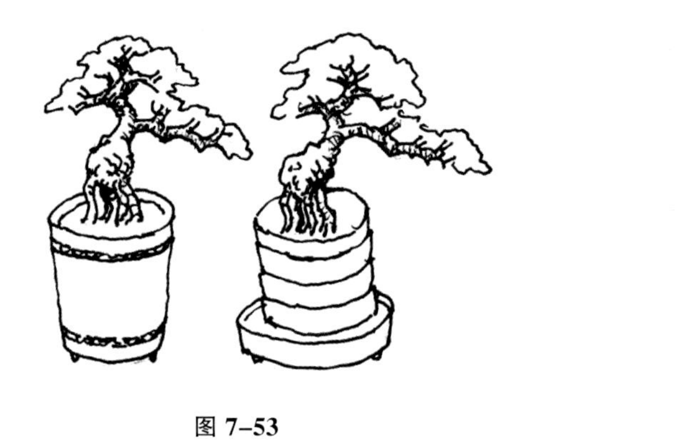

图 7-53

图 7-54

(十四)松树短针法

运用盆景造型中摘叶、摘芽等技术,使松树的针叶由长变短,符合缩龙成寸之比例,变得更美,这种方法被称为松树短针法。

以黑松为例，黑松针叶茂密粗壮，叶色苍翠，造型优美，但是，如果是小黑松盆景，过长的针叶让其在小盆景中不成比例，成为其美中不足，于是短针法应势而生。

操作方法：

每年5—6月，松树春芽成长，新针叶完全展开并成熟，于7—8月便可将当年新长的嫩枝顶芽剪去，只留小芽点。植物受到创伤之后，会自动开启愈伤功能，迅速将养分输送到受伤部位，自然愈伤，会发出二次芽。

第二轮新芽于8—9月又将在枝端生长，9—10月可将多余芽抹掉，仅留枝条两侧或水平方向的两个芽头。此后，季节已到寒冷的秋末冬初，松树入土之后，生长日渐变缓，抑制了新芽、新叶的生长。

到11—12月剪除老松叶，促成了第二轮松叶的短针，松叶茂而不密，叶片自然秀逸，此时为黑松盆景最佳观赏、展览、拍照时期。

短针松树必须长势茂盛，否则有发不出芽的风险，而且短针法对树体是较大的负担，最好两年剪一次，树势弱的最好暂缓实行短针法。（图7–55）

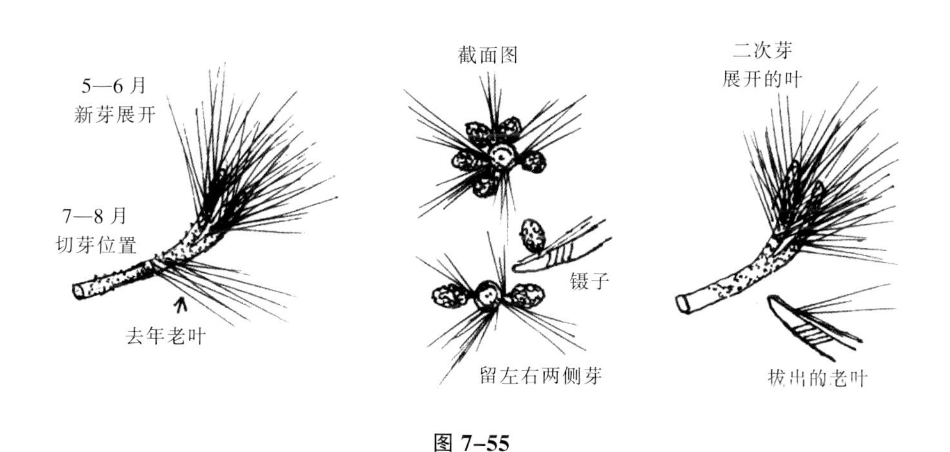

图7–55

（十五）脱衣换锦法

脱衣换锦法，是指盆景作品在重大节日、重大文化活动或大型展览、大型促销、拍照之前，先将叶片摘光，让优美的树态、遒劲流畅的线条、枝托粗细大小的布局变化、整体比例达到"小中有大、缩龙成寸"的艺术效果，作品在"脱衣"的状态下，任何瑕疵、任何缺陷将显露无遗。如若作品不成熟，欠火候，往往只能用"虚枝实叶法"，就是用叶片去营造作品的外在形态，用叶片来遮挡枝托比例不协调、软弱无力等缺陷。随着现代盆景技艺与观赏水平的提升，有缺陷、欠火候、盆龄短的作品将难登大雅之堂，取而代之的将是能在"脱衣换锦"状态下供人观赏、品评的优秀作品。

所以说"脱衣换锦"就是看盆景艺术功力，看艺术质量，看盆景线条，看布局形式美诸元素的合理适用的表现。

对于已选择好准备去参展或出席大型文化活动的树木盆景，要加强养护，提前20天施肥一次，让盆景树势旺盛，有充足的养分应对摘叶后再发新叶。

准备实施"脱衣换锦"的盆景，要提前10~15天摘光树上全部树叶，半片不留，摘得越彻底，新叶来得越快，如有许多老叶留存则叶出得慢。具体提前几天摘叶要根据各地区的气温情况而定，如北方地区气温低则相应提早摘叶，而岭南地区常年气温高，可以提前10~15天，比如海南提前8~10天就行了。

摘叶时注意小心为之，勿伤腋芽，勿折断树枝。摘光树叶，可对盆景做小的修剪，剪去对生枝、顶心枝、徒生枝、腋下枝，保留鹿角枝，保持线条优美，以待新芽。

(十六)控水促花法

植物是多样性的,有的喜欢多水,有的喜欢干一点。根据植物生长的普遍规律,对于植物浇水宜干则干,宜透浇则浇透,而水太多很可能影响一些宜干植物的开花结果。

有些忌湿植物,如三角梅、梅花、桃花、玉兰等,为了使其能正常生长,除注意土壤的透气性外,还应注意控制浇水次数,即控水。

以三角梅为例,此植物耐旱、耐贫瘠,除在抽枝期间(即每年春、夏之间)给予足够的肥水外,到了秋天,即每年9月之后要节制水肥,以利于开花。若到9月后继续大肥大水,会长得十分茂盛而不开花,或花期后延,开花很少。

二、山水盆景造型技法

山水盆景以自然山石为主要材料,配以小型植物,将舟、亭、屋布置于浅口盆中,表现自然界的山水风貌。

盆景师们把紫砂、大理石、汉白玉浅盆视为江、湖、大海、绘画白纸,用美学原理、黄金分割线的方法、技法进行布局。经过对山石的挑选、截锯、雕琢组合、胶固等一系列的技术手法创造了峰、峦、平台、坡脚、点石、水岸线等艺术形象,从而体现出“一峰则泰华千寻,一勺乃江湖万里”的视觉效果。

(一) 立意在先法

古人在写文章时提到“胸有成竹,意在笔先”,是指善书画者可提笔一挥而就。创作盆景作品时,就是要学习古人的创作方法,审视自己收集的石材与树材,然后综合思考决定创作主题,确定山水或树石作为表现形式,收集足够丰富的优质的石材与树材,这一过程也可以称为意在笔先。

对于一件优秀的盆景作品,它的创作成功绝不可能是偶然的随意之作,肯定是作者深思熟虑、千锤百炼的结果。所以在创作之中,对于重点作品,千载难逢的优秀石材、树木素材切不可随意为之、漫不经心,做到哪里是哪里,正确的办法是多方审视,深思熟虑。确定主题,立意在先。

(二) 绘制草图法

对于真正意义上的重点作品的艺术创作,一般来说,作者都会采取认真审慎的态度,考虑成熟,胸有成竹之后,将思考绘制成创作草图,有了草图创作就有了依据,作品的好坏优劣,在图纸上就可以看出来,从图纸上也可以看出问题,找出作品的不足之处。总之,有了图纸就如大海里的航船有了前进的方向,再也不是盲人摸象,随意做到哪里算哪里。

对于绘制创作草图,可能有的朋友会说,何必那么麻烦,多此一举呢,好多名家都不会画,都做出了许多好的作品。其实,任何艺术创作都需要有文化底蕴。没有文化你连作品命题都选不好,更创作不出有深度、有思想的好作品。建议盆景同人要加强文化学习,学点绘画基础知识、美学理论,创作中多借鉴画理画论,不断坚持绘制创作图,这对自己的盆景艺术创作是大有好处的。(图7-56)

绘制创作草图的要点:

(1)绘图工具:铅笔、绘图钢笔或美工钢笔、素描纸、橡皮擦。

(2)勾出形象:以手中的石材(主峰)为具体描绘对象,根据自己考虑好的主峰站立方向、角度以及在盆中的具体位置,用钢笔将主峰绘在大理石盆的相应位置上。

(3)确定对比关系:主峰的高低、大小、角度画好后,根据山水或树石盆景的造型关系,结合石材(配峰、坡岸石)绘好配峰,以及坡岸关系,高低、弯曲变化。

(4)调整造型关系:调整不合理、不美观的造型关系,山水盆景与树石盆景都应重视布局,草图上的布局构图成功了,后面的制作就省事多了。还要留意作品留白。

(5)完善草图:修改调整草图,满意后可以用美工钢笔将草图固定、细化、尽可能完整。

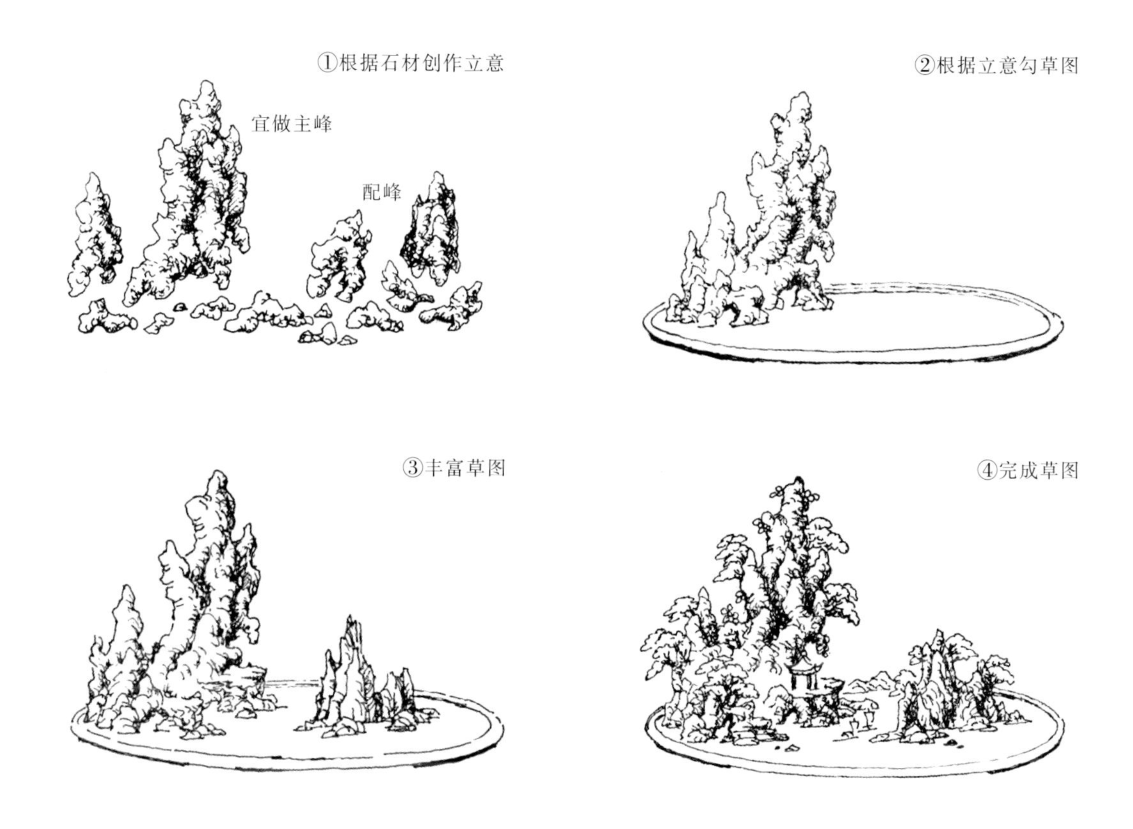

图 7-56

（三）峰峦布局法

1.突出主峰

主峰是盆景的视觉中心，是山水盆景的精华部分，也是作品能否成功的关键。

在山水盆景造型中，对山水盆景主峰的选择是十分重要的环节，主峰选择可决定作品将来的成败优劣，主峰就如同一部电影、一部戏剧、一部小说中的主角，主角表演成功，作品就因此生辉出彩，反之亦然。

2.配置客峰

至于客峰、配石，选材要容易得多，只要纹理走向能与主峰协调，不喧宾夺主即可。

主峰与配峰选择的几个要素：

(1)作为山水作品中的主峰，必须独特、与众不同，有自己的个性特征。选择天然形成且自然奇特者最好。

(2)必须形态优美，必须有一个最佳观赏面。

(3)必须四面形态自然，即使局部有加工，亦须不露做手。

(4)形体上有沟壑、洞穴皱皴、变化，有立体感，切忌石面上有利刃状刀口，宜转折圆润。

(5)客峰石质色彩、纹理须与主峰同，且形体上不能大过主峰，能与主峰呼应。

(6)山水盆景主峰以有峰状或山形者为佳。

先把主峰的位置、形态、俯仰角度确定好，然后方可进行客峰、配峰的组合布局。主峰的位置一般不宜放在盆的正中，也不宜放在盆的边缘，前者显得呆板，后者显得重心不稳。根据优选法定律，主峰在优选法的 0.618 位置为最佳。(图 7-57)

0.618 通常在盆长的三分之一左右处。主峰亦可略偏前或偏后。主峰在前是让出后面空间，以便安排远景以加强作品的纵深；主峰偏后是空出前面的水域，可以安排坡脚水岸、水榭亭阁，再配以舟楫竹筏等配景，丰富作品画面。

主峰的形态决定位置，而位置即决定布局形式，故此必须选择最能表现主峰个性的姿势、角度、位置

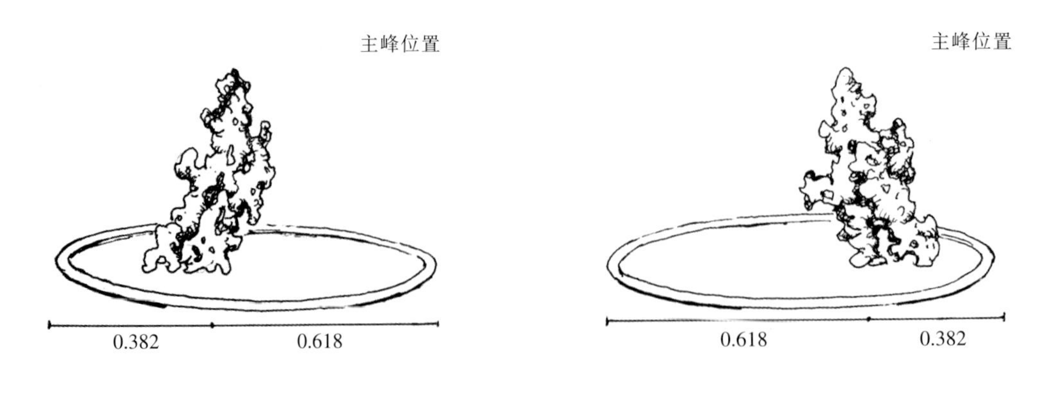

图 7–57

作为造型基础。主峰多由一块完整的天然成形的山石组成，也可由几块山石拼接而成，但由几块山石拼接成的主峰必须在质地、色泽、纹理上基本一致，如达不到这一要求，就不必勉强拼接，否则主峰纹理、神韵、自然美感全无，作品势必难以取得成功。（图 7–58）

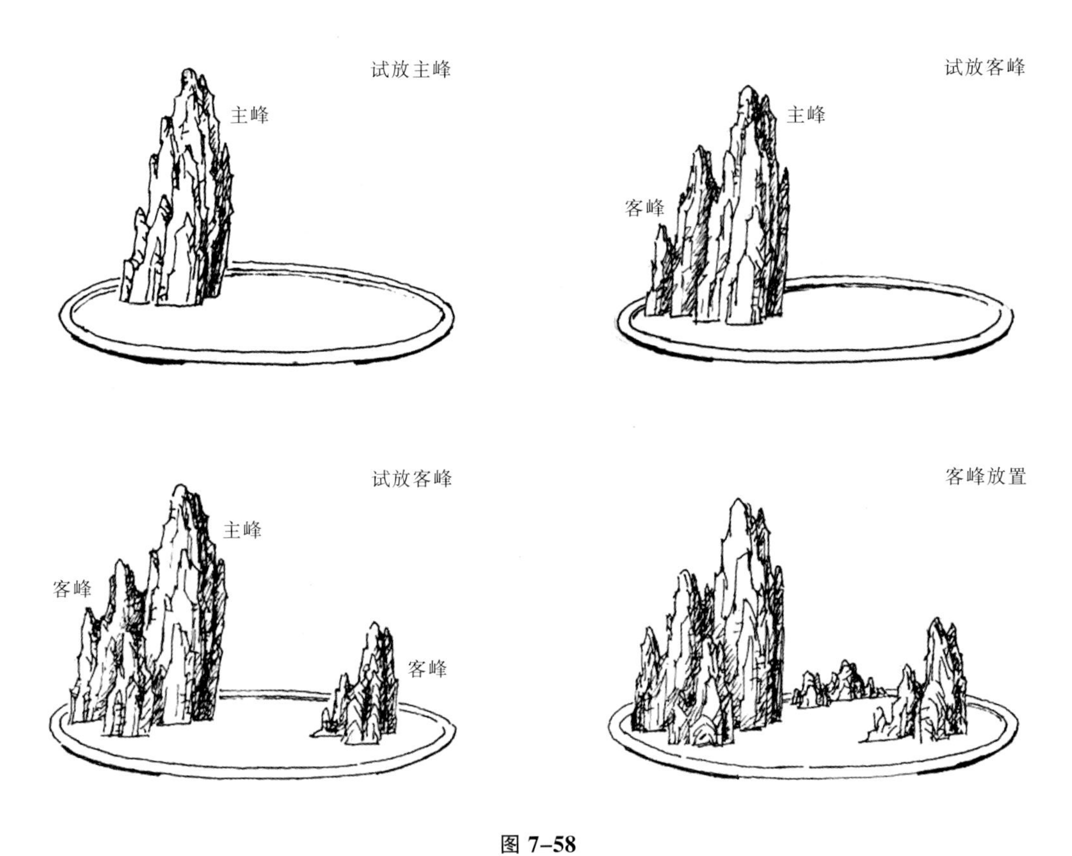

图 7–58

（四）平台布局法

在古今山水画中，常有山岩平台出现。所谓平台或天然断崖，是大自然鬼斧神工造就，或为了需要人工开凿而成，其形平似榻坦如台，这些平台或大或小，或高或低，或藏或露，或配有巉岩、礁石作前后点缀，可谓千姿百态，使画面平添了山川之灵秀、湖海之佳色，既丰富了画面内容，又提高了作品的观赏性与艺术价值。

山水盆景的制作也是如此，盆景艺术与画理相通，在盆景中设置一些形式各异的风格适宜的平台，与山脚相衬或与山势相依，蜿蜒曲折，左壑右陷，连成一体，不但使盆景布局更丰富、构图更美观，同时使亭台楼阁等摆件也有了可放之处。在盆景的制作过程中，当主峰、次峰以及有一定高度的石料下部有缺陷而又不能锯掉,去掉后高度不够,这时可用平台挡之,或某个峰需增高时,也可先用平台挡住一角,先配些小山可全部将平缝遮掉。在布局过程中,平台的合理使用,不但能解决布局中的一些难题,使盆景章法更合理,同时还极大地增加了盆景的观赏性。

通常水石盆景中的平台设置有四种形式:高平台、低平台、悬崖平台和组合平台,在布局堆置时又分明平台、暗平台和半明半暗平台。

1.高平台

一般宜设置在主峰的前面或侧面、次峰后,或全显露,或全隐暗,或显隐各半。平台的高低可根据构图需要来定,但要稍低于前山。平台的形式可为直立式、前倾式,平台下部水面可点山三两座,或乱石状,以似高处风化坠落之石。点石放置时要注意高低、大小的变化及疏密聚散的有致。平台上放置塔、寺等摆件,可显露一半似山庄或寺院,以表现出不见人影似闻人语的效果。(图 7-59)

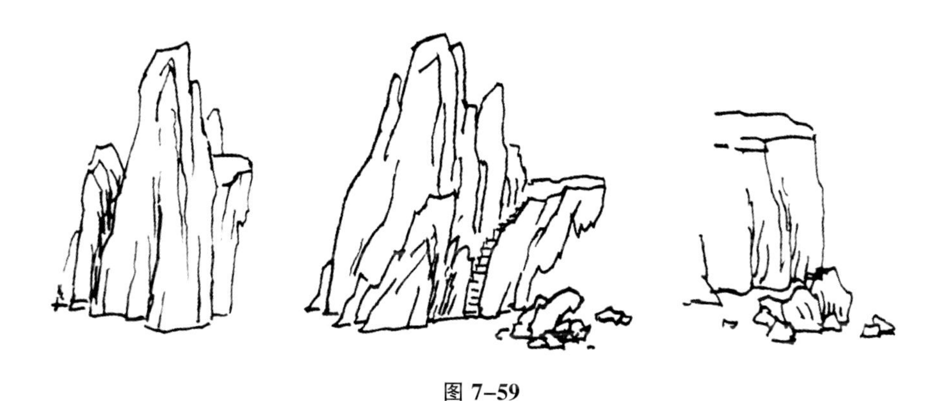

图 7-59

2.低平台

设置比较灵活多变,一般可在山脚背后做暗平台或半暗平台,也可以在山脚前一边做明平台,有时可根据构图布局的需要,设置一个略高、一个略低的双重平台,平台边设置几块礁石或山脚,以遮挡平台的另一边,形成半暗平台。同时也可以在礁石和山脚边再设置一块或多块比前平台再低点的平台,形成多重组合平台,不但层次丰富,造型多变,还意境深远,优雅别致,更富有诗情画意。(图 7-60)

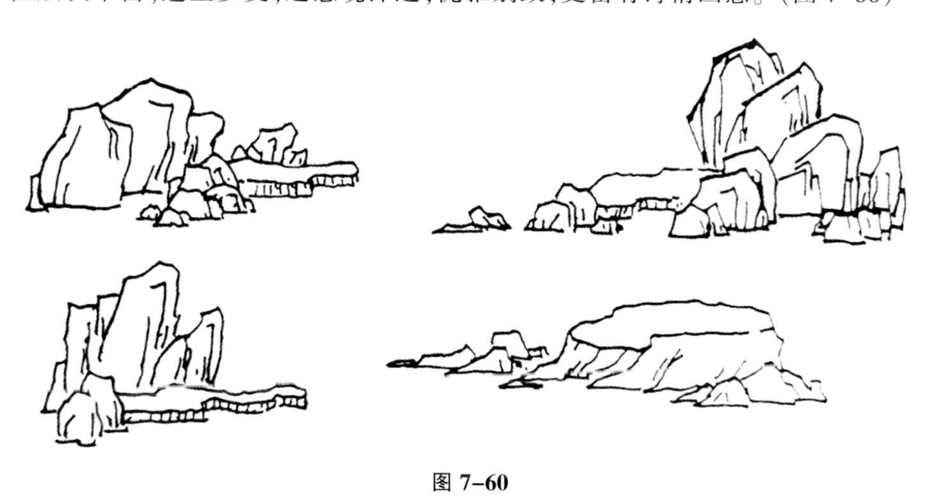

图 7-60

3.悬崖平台

一般定位较高,宜设置在主峰前次峰后或主峰的侧面,使平台与山形成一体,平台前的挡石与平台后的山峰需形成一定的空隙,以便置土种植小树,使小树与平台上的摆件构成景点,同时在悬崖平台的前方或水面设置一些较低平台、礁石,与其相呼应,以保持山势平衡,画面凝重,山体下也可用多块大小、高低不一的山石合理地排列来达到延伸的效果。(图 7-61)

图 7–61

4.组合平台

组合平台由几种形式的平台组合而成,高低平台合理地组合在一起,表现出更为丰富的变化和层次。在布局时要注意章法,两边切忌对称,同时要注意两边山体的走势,一边要收,一边要放,一般靠盆边要收,向中间水面放。组合平台还可以脱离山群,在山边水面中独立成一组,作为群山入水后的延伸,也可以在山群的另一边成为配山,与主山体遥相呼应。平台的大小、点石的形状要有变化,要做到石不一样大、台不一样形。(图 7–62)

图 7–62

关于平台的形状,要求自然洒脱,边缘曲折,可呈不规则曲线形,正面一定要有曲折度,切不可为长方形、方形、长圆形等呆板而又规矩的形状。

平台的布局一定要与山的主体相协调,与前后左右的山峰关系要融洽,整体不能呈三角形或梯形排列,山脉的走势要有收放感,山石布局要繁而不乱,使布局更合理、完美。

(五)坡脚设置法

山水盆景在制作过程中对坡脚及点石的处置是有一定章法的,这是因为山水盆景制作的首要问题是意境的创造,而意境创造的一个主要手法则是"虚实相生"。山为实,水为虚;高山为实,坡脚为虚。高山外形的实景美,使人赏心悦目;坡脚及水影变幻的虚景美,使人浮想联翩。

与山体相连向水面延伸的低矮山石为坡脚,离开群山、孤立水中的小块山石为点石。给山水盆景适当置些坡脚与点石,能使盆景构图更秀美,更活泼,更富有变化。如果主峰与次峰石料的形状不是很理想,那么在坡脚与点石上下功夫,也不失为一件好作品。因此,合理的坡脚与点石,可使盆景山势起伏,画面有了虚实,构图有了灵气。

山水盆景中坡脚的处置通常有三种形式,即起伏下降式、迂回延伸式、蜿蜒曲折式。可根据构图与布局的需要,将一种或两三种形式同时用在一盆盆景中。

1.起伏下降式

一般水石盆景中以高峰或悬崖峭壁直接入水的画面景观不太多,大自然实景更是如此。大多以有层次的坡脚起伏，低缓入水。坡脚或平或斜，或高或低，或大或小，匠意而又自然显示出虚实、轻重、上下、突缓的对比，使山峰、山腰过渡自然。在表现坡脚山石形美景观的同时，还可以充分表现盆中水面变幻的虚影和虚景，增加层次感，延伸纵深感，更好地起到平衡、呼应、反衬对比作用，丰富和提升山石盆景的意境和景观画面。（图 7-63）

图 7-63

2.迂回延伸式

坡脚的形体要多样化，迂回延伸入水要富有变化。而坡脚的变化也正是山石盆景比较注重的观赏部位之一，犹如行话所说“上看峰，下看脚”“虎头豹尾”。坡脚的迂回延伸入水，最忌平直，要“引导眼睛去追逐无限的变化”，一定要有回抱、虚实的变化，给人一种波动感。水绕山转，山水相间，有刚有柔。还可在水面垂钓牧禽，滩头摆渡横舟，避免坡脚太多而显僵硬呆滞，水泄不畅又不活。坡脚的布局忌在一个平面上、有两个或两个以上相同大小的坡脚，还要注意整个坡脚群的走势，收放自如，与群山整体保持一致。（图7-64）

图 7-64

3.蜿蜒曲折式

坡脚的设置要活泼多变，灵动跳跃而有节奏感。要力求有弯有曲，有凸有凹，有拐有缺，有分有合，有露有藏，有收有放，瘦中透奇，曲折蜿蜒，坡脚的曲线不要在同一条直线上或同一条弧线上，无论立面和平面都要呈现流畅自如的天然曲线美。如遇到坡脚石料本身比较平直，可采用适当放置数块有曲线的小山石遮掩弥补的办法，也可达到美观的效果。在坡脚蜿蜒与水面曲折之间，也可以留出一些空间与平台巧妙地设置舟船竹筏，使之有回旋余地。避免坡脚及水岸的平淡单调及纷杂。此式章法比较适宜制作深远式水石盆景。（图 7-65）

图 7–65

（六）点石法

1.点石的放置

与山体相连，向水面延伸为坡脚，而与山体脱离，孤立于水中为点石。坡脚形状较为平坦修长呈丘陵形，而点石的形状比较陡峭呈巨石形。如果点石点在坡脚边与坡脚相连伸向水面形成三面环水则为矶。点石不与坡脚相连而孤立水中，四面环水则为礁。山石盆景中点石的合理使用，不但能丰富作品的内容，而且使画面更生动，更富有诗情画意。

由于坡脚的放置会形成很多壑，有时会出现邻近两个壑一般大，壑口呈喇叭形及壑口的两端在一个水平面上，这是盆景章法中最忌的。在无法再放置坡脚来纠正的情况下，可适量置些点石。在壑口两边各放置适量点石可纠正相邻壑一般大的缺点。在壑口一边内侧和另一边外侧放置适量点石，不但能改正壑口两端在一个水平面上的缺点，同时还能纠正壑口呈喇叭形的错误布局。（图 7–66）

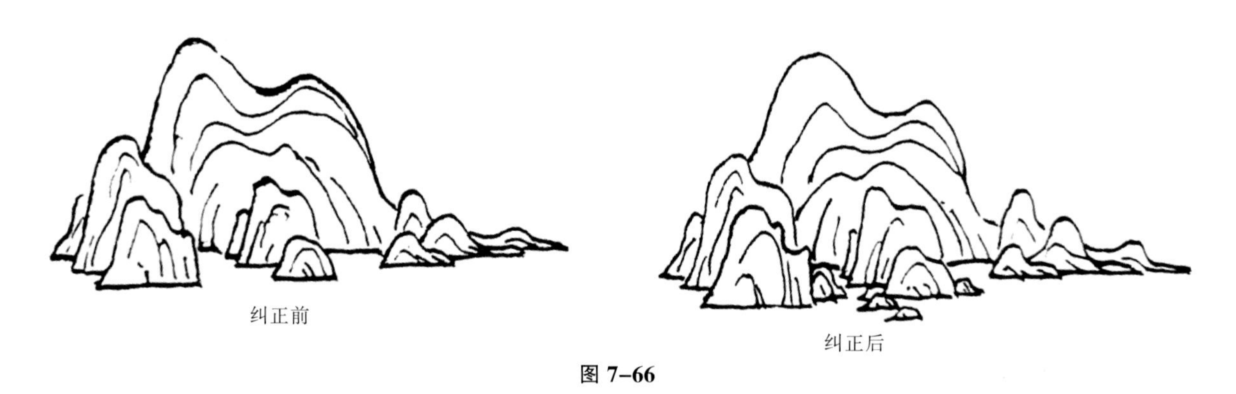

图 7–66

2.高平台下点石

在高平台或悬崖平台下不宜放置坡脚，根据山形整体走势和章法的需要又必须向水面延伸时，可选用大小有别、石形相宜的点石配之，将点石从小到大，再由大到小向水面延伸。点石的布置要疏密有致，三三两两，疏疏密密，忌从大到小再到更小的顺序排列。只要布局得当，不但不会削减高平台和悬崖平台的险峻，还会在小点石相衬下，更显平台之高大挺拔，仿佛受地壳运动的影响由高空跌落之石，使人浮想联翩。（图 7–67）

3.低平台边点石

在低平台的附近置点石，在平台后靠峰的一边置点石，能使平台生根，并能增加平台的厚实感，使其不单薄，背景不脱空。在平台后临水的一边置点石，不但能增加平台临水的长度，还能使平台后由坡脚形成的水湾更迂回，更生动形象。在平台前峰的一边置点石，可将平台变成暗平台或半暗平台。平台上可配些亭、台、楼阁等摆件，使其有藏有露，犹如群山之中的一块风水宝地。如果平台前线条较直，可适当布置点石使其弯曲有变。总之，点石在平台附近的布局要根据构图需要，并要注意与矮山和邻近山峰的变化关系，与其融会贯通。如果布置得当，即可收到事半功倍的效果。（图 7–68）

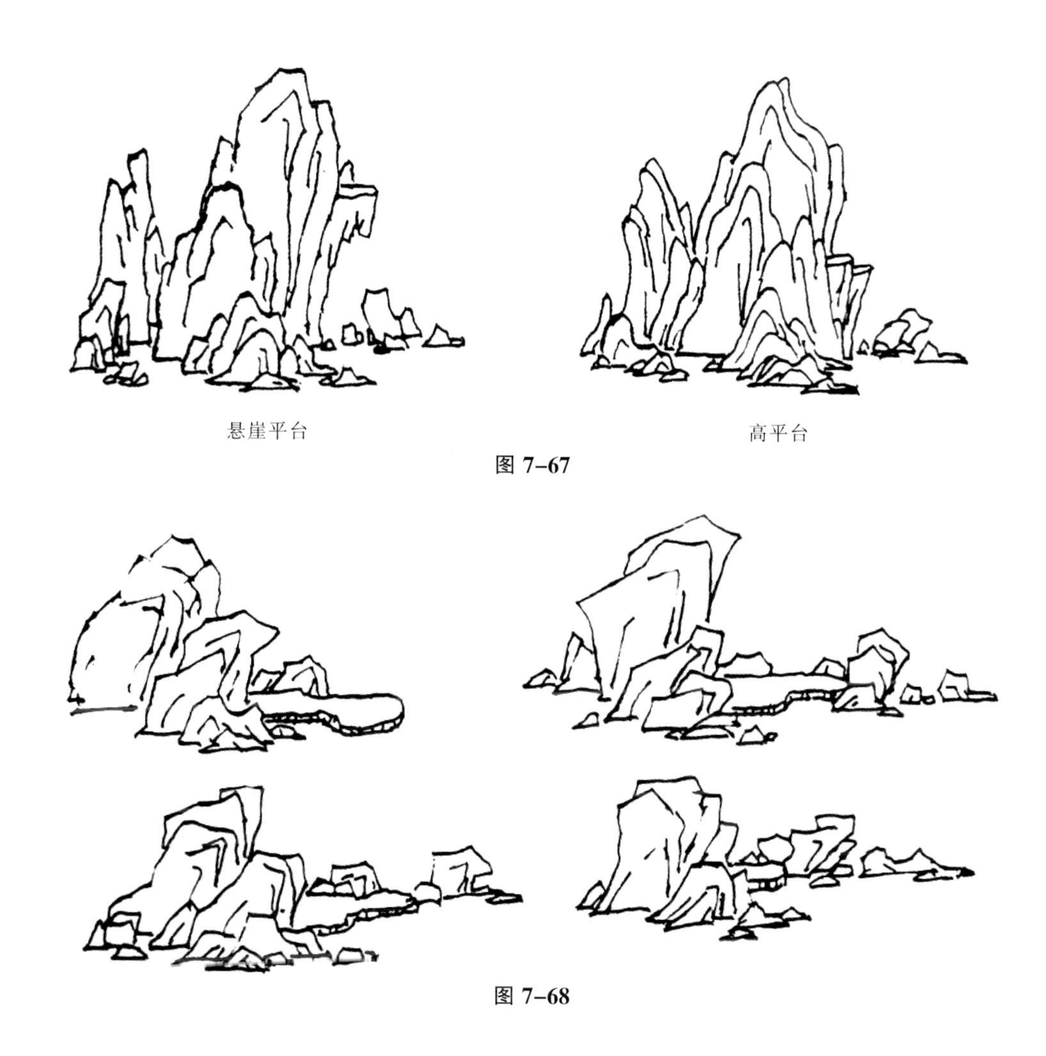

悬崖平台　　高平台

图 7-67

图 7-68

4.坡脚边点石

点石与坡脚的关系，在制作盆景中也不可忽视。由于坡脚布局的不当，几组向水面延伸的端点可能会出现在一条直线上或一条纵深的斜直线上，可用数块形状各异的点石在最前或最后的坡脚端点边加以延伸，即可达到良好的效果。

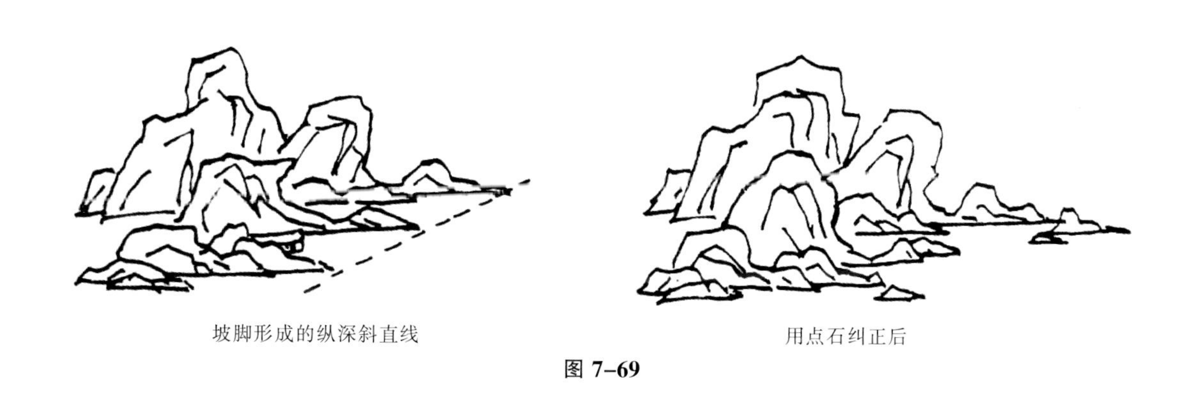

坡脚形成的纵深斜直线　　用点石纠正后

图 7-69

5.两山中点石

主山与次山的坡脚同时向盆中央水平延伸，很可能会造成两坡脚端点相对，并在一个水平线上，而又无法将其错开，如硬行错开，会影响其构图效果。这时可在两边坡脚的前后、左右合理置放点石使山势错开，水面错开呈“S”形。(图 7-70)

两边山势相对

用点石将山势错开

图 7-70

（七）水岸细节刻画法

1.先主后客，大小有序

组合布局过程一般是先主后客、先大后小、先粗略后细微，最后精心安排山坡水岸，在水中点放岛屿石。

坡脚水岸是山体与水连接处，有了高低、大小、起伏变化的坡脚水岸，山峰与水面才有了一个缓冲过渡，正是它的自然连接，才有了山峰之间的峰回路转，前呼后应，浑然一体。而曲折变化的水岸线可使原本静止的水面产生动感，整个山势就自然鲜活起来。坡脚细节制作乃重点，不可忽略大意。

2.注重细节，拼接自然

主客峰组合位置落定，调整完毕，就要开始制作水岸坡脚。在坡脚细节制作中，石材的造型必须是大大小小，多多少少，高低参差，疏密相间，这样造型才生动有变化。（图 7-71）

大大小小、错落有效

弯弯曲曲、流畅自然

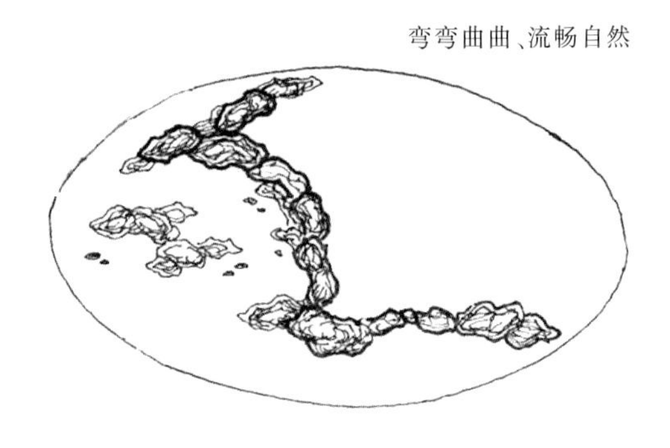

图 7-71

坡脚用石忌石材等量、等高、等宽，简单说来，两块一样高、一样宽的石头放在一起很不美观。如果一大配两小或三小，就有了高低、大小、前后、疏密变化，有了变化就鲜活生动了。造型中等量的石头不能重复排列。这就好比音乐，若同一音符、同一节拍、同一声调反复演奏，那就让人心烦意乱，毫无美感可言了。

简而言之，坡岸造型须高低、疏密有节奏变化，有前后层次，坡岸线条要弯曲自然流畅，必须与山峰主体统一和谐，形成一个虽由人作、宛若天成的效果。

(八)组合布局法

1.烘托主峰

主峰立好之后就应着手客峰、配峰的安排,有时因为缺少一个客峰或缺少了构图中需要的高度体量的配峰,组合过程也会无法进展下去,硬石主峰的完美,配峰的选择、默契以及备有充足的可供选用的石料均是作品成败的关键所在。客峰一般仅靠主峰一侧,用来烘托主峰,增强主峰山体趋势,丰富主峰的层次与变化,并可以使主峰与配峰之间有一个适当的过渡,这样成型的主峰才不显得单调与孤立。(图 7–72)

图 7–72

2.协调呼应

客峰、配峰组合应与主峰在风格上保持统一,在角度、朝向趋势上保持一致,并与主峰呼应。客峰与配峰在体量上、高度上应明显小于主峰,要以配峰的低矮平缓来衬托主峰的高大挺拔,如果主峰与客峰之间高低、体量差别不明显,那么就会造成作品主次不分、客要欺主了。

其次,配峰要与主峰呼应,向主峰顾盼。虽然配峰在整个景物中是客体,是次要景观,但主体需要客体的陪衬,就像红花需要绿叶的扶持一样。主峰需要配峰的映衬,但这映衬必须是主、配峰在形态、线条、色彩、纹理上均做到有呼有应,相互顾盼,这样的作品才给人以完整和紧凑的感觉。(图 7–73)

主、配峰之间有两种概念:一种是一件作品由大小几个山峰组合而成,高大的称为主峰,其余的称配峰;另一种是在一组山峰之间也存在主次之分,大的为这一组的主峰,其他为这一组的配峰。所以主峰与配峰可以是布局后的总体间的主、配关系,也可以是布置在某一组内的主、配关系。

3.兼顾全局

在组合布局时,既要突出重点,更要兼顾全局,只有全局安排得体,作品才能成功。另外,不论是哪种形式的山水盆景,其坡脚的处理非常重要,不可随意马虎。坡脚是山体与水面的交接处,山曲折水才可萦回,水岸线的蜿蜒曲折,可使空旷、静止的水面产生流动的感觉,水随山转,山依水活,整个画面就活了起来。故水岸线的处理应避免呆板平直、没有变化的状态出现。在组合布局过程中,要想使造型构图达到理想完美的境界,还必须遵循一定的艺术创作原则和掌握一定的制作技巧,并加以灵活施用,使小小盆钵中

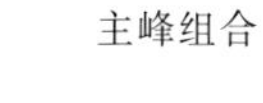

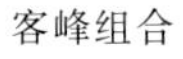

图 7–73

“藏参天覆地之意，展江山万里之遥”。组合布局时还要避免出现一些明显的制作之忌，主要有以下十忌：①主峰偏中；②布局过散；③布局太空；④主次不分；⑤重心不稳；⑥互不顾盼；⑦纹理色泽不一；⑧山脚平直无变；⑨有实无虚；⑩比例不当。

（九）石材雕刻法

1.突出自然美

硬石因材质较硬，一般不宜雕刻，或只能对硬石外轮廓局部损伤部稍微加工，如斧劈石，可用平口锤或凿子轻轻敲击，然后用砂轮打磨，抹去尖角刀锋，使山峰形态自然柔和，线条流畅。但许多天然石造型时一般要尽可能不雕刻，保留石的原生态沟槽皱纹。

2.雕出形象美

软质石料由于大多不具备天然纹理、丰满变化与优美俊俏的外形，再加上软石硬度低、可塑性强，故可以人为施艺雕刻成型。明清以来，盆景界大多喜欢用积砂石制作假山，积砂石假山可雕刻出险峻的外形，还可吸收水分长绿苔。所以用软石雕刻假山在民间一直较流行，试想一下，一块乃至数块平凡的石料，经过作者精心加工雕琢，就可以成为皱纹丰富而又自然的山峦形状，让创作者很有成就感。（图 7–74）

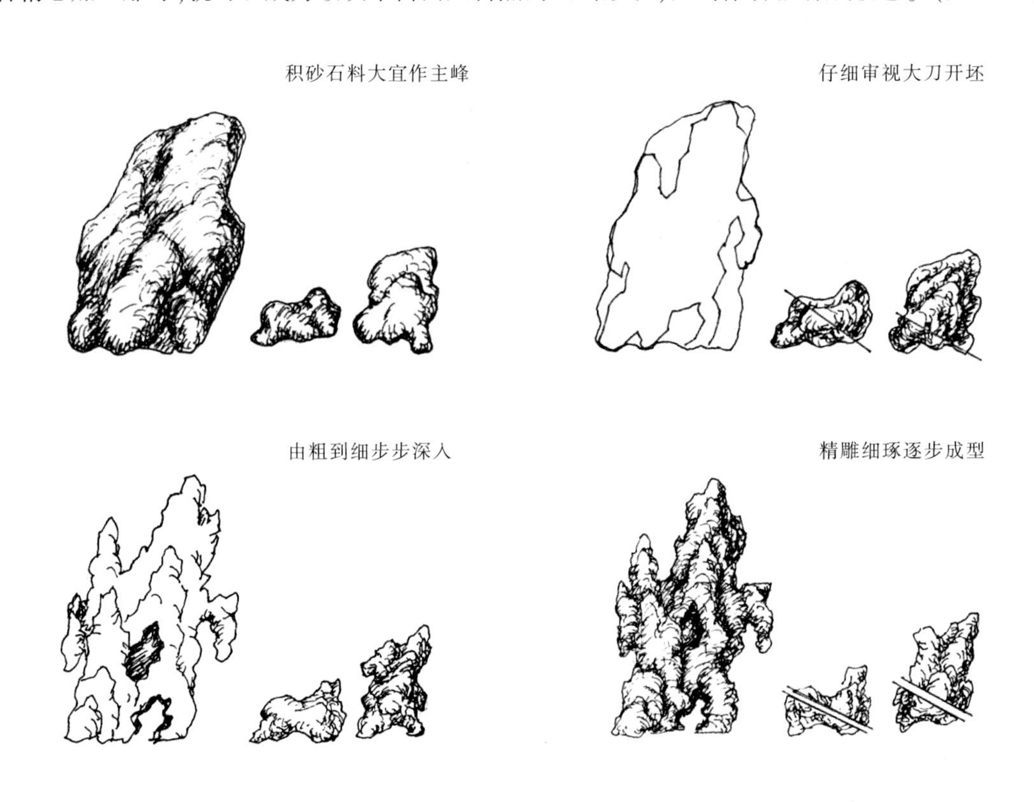

图 7–74

软石的加工可以分为粗加工与精加工两个步骤。

(1)粗加工是雕刻的第一步,即把要表现的山峰形态大致轮廓加工出来,包括主峰、次峰、配峰、坡脚等。这一加工过程主要用尖头锤、钢锯等工具。中国画论说,山水画要"近观质,远观形,上观峰,下观脚",这可为我们加工雕刻时提供参考。近景要注重山峰纹理的加工,远景较为模糊,不要求纹理上太清楚,可着力于山形的处理,近景可险峻,远景要圆润。

(2)精细加工主要指对山石纹理、脉络、皴法的加工,借鉴我国传统山水之"皴法"来雕琢山峰丘壑的纹理。加工前,先要熟悉山水画中几种典型皴法的特点,比如披麻皴、大小斧劈皴、乱柴皴,多多实践,细心体会,方可熟能生巧,得心应手。

加工时可选用尖头锤、凿子、刀锉、螺丝刀、手镐、钢丝刷、废锯条等工具。先仔细审视,如发现石材本身天然的纹理形态较美,则尽可能保留利用石材原有的天然状态,加以发挥改造。要使石料表面脉络纹理细腻自然、嶙峋多姿,使纹理有褶皱、有粗细、深浅、凹凸、疏密等变化。要避免在小范围内出现重复雷同、等距、等高、洞穴太圆、生硬做作等现象。

雕琢加工应首先从主峰开始,宜先大后小,先近后远,先上后下,先浅后深,先粗后细,作者若选定一种皴法,如披麻皴,那么从主峰雕琢开始,就要用披麻皴,其余客峰、配峰等一众大小峰石皆用披麻皴,切不可主峰与配峰皴法不同,或几种皴法同时使用,这样会让作品看上去十分杂乱,不和谐统一。

雕琢加工时,先入手雕了一部分,即应暂停,退后几步,仔细审视,发现不满意之处再修改,宜反复观察思考,努力改进,直到满意为止。

(十)石材切割法

精心挑选出来的硬石石料,必须用电动云石机锯切平整。切平之后才能平稳地放置在大理石盆中,此时可以依据设计图进行任意组合布局。

下锯前必须先审视石料,多角度反复比较,选出最合适锯切的位置,尽可能保留原石料最美最动人部分,其实,在切割石料时,大都可以保证一块石料一切为二,两块都好用,小的一块做坡脚或远山是很理想的。(图 7-75)

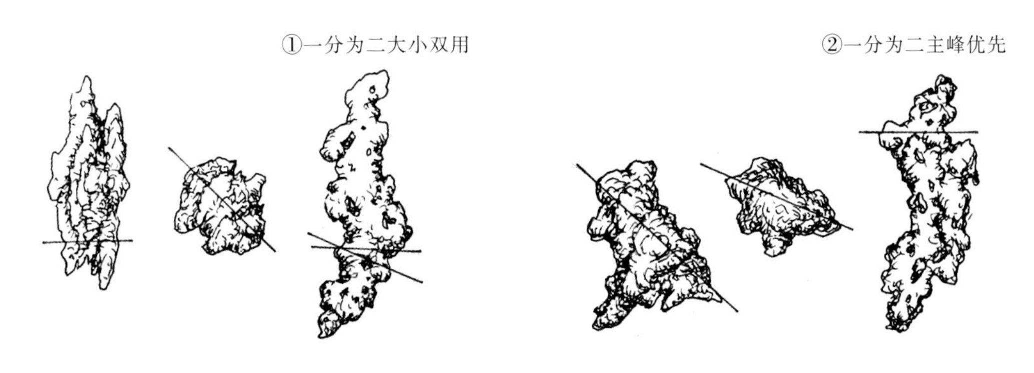

图 7-75

软石、积砂石石质疏松,很多情况下用手工钢锯即可任意切割,大块的石料不便于下锯,可用平口凿子轻轻凿平。

不论是硬石或软石,下锯前先要审视好角度、高度,画好锯切线,以此线作为下锯依据,并将线水平延伸到石的背面,将石反面也画上线,以便切割施工时刀口不会走偏,使切割好的石材水平、垂直,符合制作要求。

锯切施工时,可以多切一些矮山、小岛石、小平台等材料,以便在组合布局及处理滩头、坡脚水岸时可选择最贴近自然的石料,多的部分放好,下次制作时还可以用。

(十一)景石返璞法

石料经过雕琢加工,难免会使石材表面有许多加工痕迹,这种痕迹在硬石上显得十分难看、不自然,有损作品的艺术品格,此时即可运用石料返璞法施艺加工,使石料的人工雕刻痕迹变得自然圆润。

1.打磨返璞

运用手提砂轮机,使用石材磨光砂轮片,对需要打磨的硬石料的人工加工痕迹处反复打磨抛光,磨了一阵之后暂停,再审视,反复如此,直到满意为止。

2.酸洗返璞

用于盆景造型的石料,如太湖石、英石、龟纹石等石料的主要成分为碳酸钙,若将盐酸洒在太湖石、英石、龟纹石等石料上,会产生较强的化学反应,盐酸会腐蚀石材,运用这一原理,对有加工痕迹的石料进行盐酸酸洗腐蚀,具体腐蚀时间长短视现场情况而定。若加工痕迹不太明显,可以用毛刷蘸盐酸反复刷,达到满意后用清水洗净即可。若石材加工痕迹重,需要强盐酸强腐蚀,则可用不锈钢容器盛盐酸,将石材放在盛有盐酸的容器中腐蚀,5~10 分钟后视腐蚀情况决定腐蚀时间长短。满意后取出石材,用清水冲洗干净即可。(盐酸废水有可能污染环境,所以施工时请注意回收处理好废水)

施工操作时需注意,盐酸有较强的腐蚀性,操作时要戴橡皮手套,准备好清水,盐酸不小心喷洒到身上或皮肤上也不用惊慌,马上用清水洗净即可。

(十二)胶合固定法

胶合可使山水盆景固定不易变形,且可达到永久保存的目的。

组合布局完成之后,不要急于固定胶合,可以先放上几天或更长时间,回过头来再细细审视,或许可以发现整体布局上还有些不够合理之处,再进行修改调整。

运用胶合这一技术手段,可使一些原本不完整的山峰或有缺憾的部分变得完整理想。但经过胶合拼接的山峰,其牢固程度显然不如整块的结实,在运输、碰撞和时间长久的情况下容易破损。

一些石材通过胶合,使平淡变神奇,零碎变整体,单薄变厚实,但胶合中运用最多的还是山石横向之间的胶合,也就是山峰与山峰之间的相互拼合,使几个略显单薄的山峰胶合成一个山峦起伏、雄壮险峻的群峰。有横折皱纹的山石,如千层石,就可以采用上下叠加的胶合手段,将原来低矮、缺少气势变化的山石变成极具韵味的山体佳景。另外,欲做一个悬崖状主峰而缺少天然形成的悬崖状主峰时,可以运用胶合手段做成悬崖状主峰。

必须注意的是,胶合前要将山石胶合面洗刷干净,除去石料表层的风化层及污染物,使水泥胶合牢固。

胶合时尽量选用高标号的水泥,直接用 801 胶水搅拌调均匀,无须加水。胶合之前根据石料的颜色,掺入部分水溶性颜料,使水泥颜色尽量与石料颜色一样,也可待水泥干后刷上丙烯颜料,在锯切石料时,将石料的锯屑收集起来撒在水泥外表,再用手指稍稍用力嵌压,使水泥接缝处的颜色基本上与石料色泽一致而不露接缝痕迹。

为使石料胶合不走位,可拿铅笔在石料背后的盆面上画好记号,再把石料拿下来,蘸上水泥开始胶合固定。胶合顺序为先主后客,先大后小,由中间向左右两侧进行,并要注意留出适当的空穴以便栽种植物,胶合后及时将水泥污迹用排笔蘸水刷洗干净。

(十三)栽种树木法

1.堆穴栽种

植物栽种在硬质山石中,其难度要比软质石料大得多,这是因为硬石不像软石容易雕琢洞穴,加之软石吸水性能好,栽种植物易于成活;而在硬石中栽种植物全靠在组合拼接时特意留出的洞穴缝隙,使其能盛土,又要注意浇水、下雨时水能及时排出,这样植物才能生长良好。山水盆景要本着丈山尺树的原则,植物以株矮叶小为好,木本或草本均可。此外,还可在外露的泥土上铺设青苔,以防泥土外露掉入盆中而影响清洁和美观。

有时整块山石做成的主峰因缺少洞穴和缝隙而无法栽种植物,此时可以采用“附着法”栽种植物。挑选合适的植物,从盆中移出,剔除旧土,剪除过长过多的根系,再用双层塑料窗纱盛上培养土包裹住植物根系,上端扎紧后把它固定在主峰后面,让枝条从峰峦一侧伸出。还有一种方法,在主峰山石背后需要种植植物的部位,用瓦盆碎片附在山石上,先用铁丝绑住暂时固定,然后用水泥抹在瓦盆碎片边缘,待水泥干透后,就可以在瓦盆碎片中间的缝隙处盛土种植了。

植物栽种也要讲究造型,每组植物要有聚有散,有大小、高低、前后、远近变化,近景的植物宜高大粗壮,远景的植物宜小且呈一簇的状态,这样才符合大自然的透视原理。山水盆景中的植物除了近景特写,一般情况下不宜以单株状出现,而应以丛林状态一片一片、一簇簇出现,这样才符合自然规律。(图 7-76)

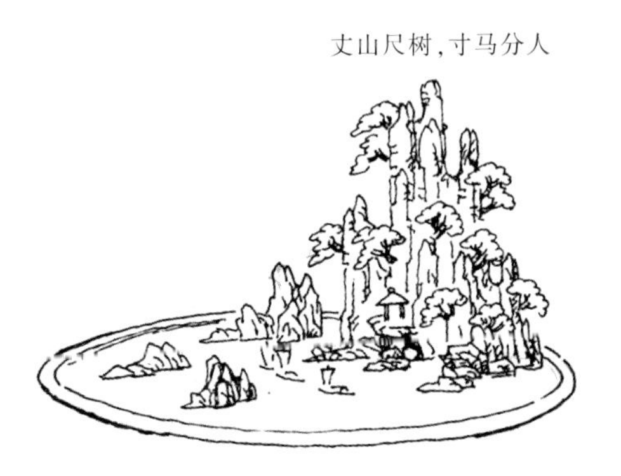

图 7-76

2.破石栽种

传统的山水盆景一般是以预设洞穴的方式来种植植物, 对软石山水盆景也可用雕凿洞穴的方式,在需种植树木的部位雕凿洞穴,然后种上植物。软石如积砂石、江砂石,硬度较低,易于雕出洞穴,植物生长的效果也较好。

现代山水盆景流行用硬石,比如石英石、太湖石、龟纹石、千层石、山东纹石、灵璧石等,硬石的优点是有型、有纹理。当一件作品的山顶部分或悬崖部分需要植物时,却因为没有洞穴难以栽种植物,于是,破石植树法就在创作需求中诞生了。

破石栽种是把制作山水盆景需要种植植物的石头锯切开,用切割机或雕刻机将石材内部挖空,给植物根部创造一个能成活成长的空间,石头内部空间挖好后,再细心地将切开的石材胶合还原,种上植物。

(1)一定要依据造型需要合理选择栽种植物的洞口,洞口尽量要自然隐蔽、巧妙,不露做手。

(2)注意山石切口黏合处工艺要精细,若用水泥黏合一定要注意水泥颜色要调到与石材颜色一致,或最后用丙烯颜料将黏合痕调和一致,从前视绝不能看出“破相”。

(3)破石加工切割时,石头内部要小心施工,尽量使主体洞穴相通,便于日后对植物进行养护与管理。

(4)栽种植物的洞口一定要自然,切不可开得太圆,洞口的石纹尽可能自然,要虽由人作,但宛若天成。

(5)石材的拼接口一定要从里向外切内八字,不要切到外皮,接口要自然,粘接要牢固。

(6)山石底部要留透水孔,回填土肥沃、透水。

(十四)盆面美化法

1.盆面清理

盆面是盆景整体造型不可分割的一部分,是视觉直观的首要部位,在盆景造型过程中,切不可只重视树木的造型而忽视盆面的装饰。

盆面装饰得当,技术手段使用完美,既可使作品整体看起来干净利落,盆面与整体盆景造型融为一体，与整体协调呼应，也可以极大地衬托作品主题，使作品在视觉效果上更加鲜艳夺目。

2.盆面装饰

(1)盆面装饰材料：青苔、白石米、黄石米、红石米等。

(2)盆面技术处理：清除盆面杂草，清除盆面过大的土块或小石块，剪掉盆面浮起的不完美的细根，理顺盆面，用刮刀做好盆面坡形。盆面坡形可以是平的，也可以中部如龟背形，四周稍低，这样既美观有变化，又可利于排水。树石盆景还可以将盆面处理成起伏的波形，这样更生动、更自然。

(3)铺设青苔：铺设时注意青苔连接自然无缝，遇有板根须露出，要铺到盆四周不可上翘，铺好后喷水，手轻轻拍平即可。铺石米则要求平顺，不可高低凸凹露出泥土。

(4)盆景色彩搭配：盆景盆面色彩以协调明快、烘托主题为好。比如九里香桩头，配紫砂盆、铺青苔为美，若铺黄石米，九里香树干为黄灰色，则主干不突出；又比如紫砂盆种台湾真柏，铺青苔则美，若铺红石米，则真柏主干与盆面红石米色彩相近，主干出不来；还有对节白蜡配石湾白色盆，则宜配绿色苔，以分清白色盆与灰色树干色差，淡雅美观。

蓝色的石湾盆配台湾真柏：树干深红、盆深蓝宜配青苔或铺细白石米，观赏效果较好；土黄色的天然云盆宜配青苔，灰色的天然石灰石盆宜配青苔。

总之，盆面技术处理是为了烘托主景，使主景更干净利索，这也是技术含量很高的重要环节，不可忽视。

(十五)摆件安置法

盆景摆件主要有亭、塔、桥、楼阁、屋舍、水榭、舟楫、竹筏、人物、动物等，其质地可分为金属、陶瓷、石刻、木雕、砖雕、蜡质、有机玻璃、骨雕、泥塑等。摆件要求刻工精巧，形态生动逼真，古朴雅致，具有一定的牢固度。

盆景作品中恰到好处地点缀一些摆件，可以增加山水盆景的生活气息，使欣赏者更容易亲近它、喜欢它。因为人类的活动总是和大自然山水联系起来的，人离不开大自然，大自然又需要人类维护。摆件在山水盆景中所占比重很小，但所起的作用却很大，它可以帮助作者表现特定的题材，增加观赏内容，创造优美的画境和深远的意境，有画龙点睛之妙，并可以起到比例尺的作用。

摆件的安放要根据盆景的题材、布局、石料、山石造型等因素来选用，并不是拿来随意摆放，也不是越多越好。如险峰山崖平台上置一山亭，登高观江景，尽在一览中；险峰挺拔，山崖之下，江中置一叶舟帆，会产生静与动、大与小、重与轻的对比；岸边水畔设水榭、屋宇使人心旷神怡；视点前面的摆件略大，后面远景的摆件略小，会使景观有深远之感；把亭台、庙宇隐藏在山林一角，似隐似现，会使欣赏者产生丰富的联想，达到景有限而意无穷的境界。(图 7–77)

图 7–77

山水盆景的摆件安置应该做到因景制宜，何处宜置亭塔，何处宜置舟楫，都要服从景物的环境和主题需要。唐代诗人王维在《山水论》中说：“山腰掩抱，寺舍可安；断岸坂堤，小桥小置。有路处则林木，岸绝处则古渡，水断处则烟树，水阔处则征帆，林密处居舍。”如山脚处宜居人家，可置屋舍；水湾平滩处可作渡口，宜泊舟船；溪沟上跨设小桥；山腰处置凉亭等。此外，安置摆件时还要注意大小比例、透视关系，以少胜多，露藏得宜。

第八章　盆景的制作过程

盆景的制作过程是盆景造型技法之后最具操作性的步骤。本章就树木盆景、山水盆景、树石盆景、异型盆景、微型盆景的制作过程做较为详尽的介绍。

一、树木盆景

(一)公孙式

景名:继往开来　树种:对节白蜡　作者:红欣园林

制作过程

1.选两棵大小适宜、造型相符的对节白蜡作素材。

2. 观察两棵树的背面形态,"公"树的根基欠发达,树干缺乏自然流畅的风韵。

3.对“公”树做脱盆准备。用翻盆钩在盆四周边缘耙出一条沟槽。

4.两人互助将“公”树脱盆。

5.将“公”树整根。剔除烂根、枯根，理顺细根，剪去过长的根系。

6. 将“孙”树脱盆。双手配合将植株完整脱出。

7.将"孙"树整根。

8.两树试做合栽布局,发现"孙"树横生枝顶向"公"树。

9.剪去"孙"树较粗的横生枝。

10.在马槽盆底部两个排水孔上铺设网状隔片。

11.底部倒入透气性好并掺有基肥的粗颗粒土。

12.将“公”“孙”树安置在已设定的位置，发现“孙”树侧根过长，两树结合不紧密。

13.剪掉“孙”树过长侧根。

14.从不同方向修理“孙”树的侧根。

15.“公”“孙”树最后定位。

16.往盆中填入细的新土。

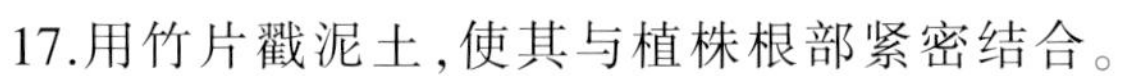

17.用竹片戳泥土,使其与植株根部紧密结合。

18.对两棵树进行修枝。

19.修枝完毕。两棵形态相近、伸展方向相同的对节白蜡呈现在我们面前,体现出“公孙式”造型的特点。

(二)回眸式

景名:松风　树种:天目岩松　作者:徐昊

制作过程

这是一件“高可盈尺,本大如臂”的天目岩松素材,至少已经历了百年岁月,树身鳞皮斑驳,主干上下几乎粗度一致,下半段干身具有流动的线条和质感,非常适合表现古松的形神。素材主干虽好,但整棵树只有一个枝点,估计山采时上部顺直而过高,因此被截去。初见该素材时仅顶部有细弱的小枝,枝端生着为数不多的几束针叶。经过4年的精心养护,树枝逐渐复壮,于2012年10月初开始制作。

1.制作前，拔去素材的老针，露出主干和树枝的结构，主干下半部分较好，但上半段左折后，形成一个弧形的软弯，而且没有出枝可以分割弥补，仅顶枝向右下垂，与主干的回势呈逆向的悬挂状。

2.将枯桩节做一些雕琢修饰，尽量使其形同自然枯朽风化的样貌。上部箭头所指的也是一个枯桩节，留下它可使主干上部软弯处产生顿挫变化的效果。

3.用金属丝攀扎树枝，便于调整枝的位置，塑造树枝的线条。将下面最长的分枝向左回折，使其与主干的回势相统一。

4.树枝与主干交叉，可以分割主干不良的线条，改变视觉效果，这在绘画中也经常被运用。

5.另一较长的分枝从树背面向左回折，这样既增加了树冠的深度和透视，也保持了树势的统一，加强作品向左的回势。

6.初次制作完成后，已经有了基本的树相和框架结构，但依然只有数得清的几个枝叶，树枝的长短变化仍未达到理想要求，还需要通过养护不断完善。

7.经过两年的复壮生长，树枝进一步健壮起来，由其顶部向左的这个枝如愿按立意的要求，长得特别粗、长，因此对其进行再次攀扎完善，利用顶上较长较粗的那一枝作为主枝，打破三角形树冠的稳定模式。

8.由于天目岩松素材特别老,正常养护下很少长分枝侧芽,因此特别适合线性的写意表现。这是2019年的树姿,作品所呈现的是对线条结构的表现和临风而立的动感和势态的美,因此取名《松风》。

(三)素仁格式

景名:岭南秀色　树种:满天星　作者:韩学年

制作过程

1.这件小作记叙着我习“素仁格”的感悟轨迹。桩材,是父亲20世纪70年代末植的小植物,父亲逝世时我未学盆景,但对花草的兴趣和对父亲的怀念使我细心养护着它。1982年后学盆景。这棵小树纤细的双干有点文雅。某天,两位盆景界的朋友到我家,见到此盆小树,称似“素仁格”,这是第一次面听盆友称我的树为“素仁格”。其实,那时刚学盆景,虽知“素仁格”艺称,但未知“素仁格”内涵,这纤细的小树可能是那未成熟的形体具有“素仁格”的瘦秀。“素仁格”称谓于岭南已流传多年,那时盆景界还没“文人树”的概念,因而那个离“素仁格”要求还甚远的小树,盆友称似“素仁格”。

2.这是 1992 年的树照，当时盆友造访称与“素仁格”还有点相似。现已养了十二三年了，枝繁叶茂，哪有“素仁格”的韵味，可以看出那时我还没有“素仁格”的意识。

3.随着时间的推移，我对素仁树也有了兴趣。一个成熟的岭南盆景作品，要经历一二十载蓄枝截干、不断造艺，直至枝繁虬扎，丰满厚实，我觉得这是加法。但悟习“素仁树”却要从枝繁虬扎中简化、提炼，那是减法。这不只是造艺过程，更是心灵的感悟、技艺的提炼过程。

4.几张照片记述着我对“素仁格”的悟习经历,30 年岁岁感悟,逐步修剪。对多年枝托培育的不舍,是习素仁树最大的心理障碍,我无宗教信仰,但素仁禅师 “舍得”“空寂” 禅理,于悟习中有所体会。

不以“素仁格”要求,有盆友觉得这树越修剪越不好看,但我喜弄素仁树,并于习悟中慢慢领悟素仁“多一枝嫌其多,少一枝觉其少”的造艺要求,且少到不可再少,以最简洁的构图,勾画出盆艺的美态,我觉得这是对心理及审美的锤炼。

5.一盆小树 30 年,历稀到繁,归繁至简,记录下悟习素仁树的过程。

(四)双树合栽

景名:刘松年笔意　树种:五针松　作者:潘仲连

制作过程

1.这是 1975 年造型前选定的两盆球形五针松素材。两株都为直立型,大小、高矮、粗细相异,左株为双干式,右株顶部枝冠明显左倾。深思熟虑后确定枝条的取舍,并用色笔标记。左株删右留左,副干与右株均删下留上,确保合栽后的两株枝条有高低错落变化。

2.截除多余枝条并修饰截面,使其妥帖、自然。将左树两干剖开,一分为二。对需要扭曲的粗枝、上扬枝,先用利器将扭曲枝段纵向开刀,再用麻皮缠、裹,最后根据每根枝条的粗细,选择适中的金属丝缠绕。麻皮和金属丝的缠绕方向应与扭扎方向保持一致,确保扭扎后的金属丝、麻皮充分受力收紧,呵护枝干安全。

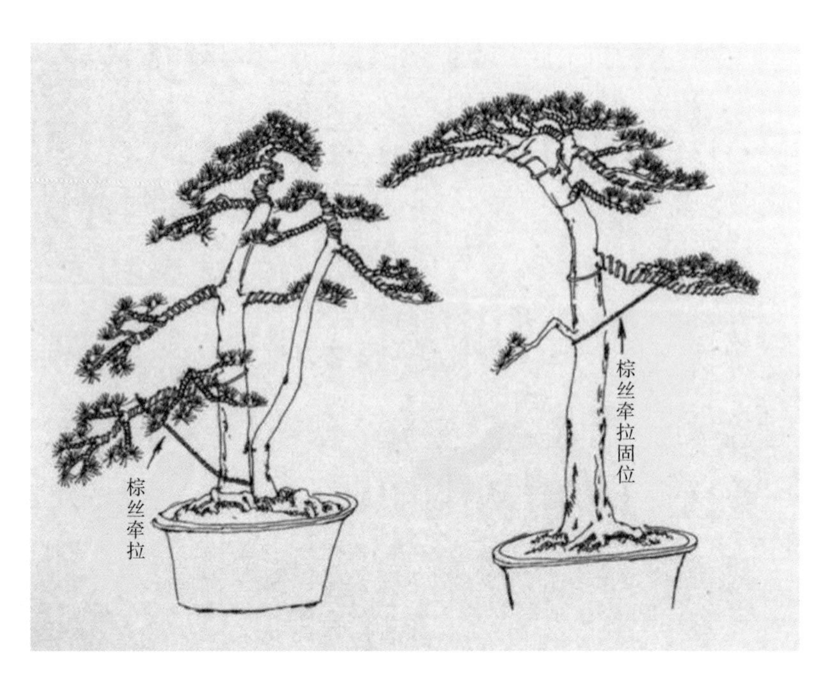

3.扭扎弯曲枝条。扭扎时，力避弧弯“S”形，力求硬角弯曲，创造枝条的书法意趣和下垂姿态，以增强枝条弯曲力度和美感。弯曲不到位的用棕丝牵拉辅助，直到满意为止。松类枝条弯曲要一次性到位，二次弯曲易造成第一次弯曲伤口脆裂。

4.脱盆合栽。合栽时，注意各株树倾与仰、高与矮、前与后、主与次的协调、呼应关系。合栽后的分枝布势，有意在虚实、疏密、轻重上有所侧重，并在两翼展幅上逐级收缩；后背留曲枝以增加景观深度；整体求得庄严与灵动。在养护过程中，通过抹芽、摘心、剪扎、牵拉等造型手段，使作品日趋丰满、老辣、成熟。

(五)连理式

景名:同心连理　树种:罗汉松　作者:红欣园林

制作过程

1.选一高一矮两株盆栽雀舌罗汉松作连理式盆景素材,其中矮株有膨大突起部分且与下飘枝方向相反,整体曲线呈双“S”形。

2.高株脱盆。

3.整理根系。剔除腐根、枯根,剪去多余长根。

4.矮株脱盆,与高株相靠,相靠面为高株膨大部分上方凹槽与矮株膨大突出部分的相接处;用手锯锯掉矮株膨大处多余残桩。

5.用半月钳除去锯口残茬。

6.对高株中间两主要侧枝进行造型。首先对下方侧枝进行破干处理,用破杆钳破开枝条。

7.往伤口处涂抹愈合剂。

8.伤口处用薄膜进行包扎。

9.以主干为支点,对侧枝进行蟠扎。

10.继续侧枝蟠扎。

11.上侧枝造型、修剪,以作弯曲准备。

12.上侧枝用铝丝蟠扎。

13.下侧枝造型。双手协调用力对其进行拧曲；左手拇指从下面往上顶侧枝基部以防分枝处断裂，右手握枝条下压；双手拇指调整缠在顶端枝条的铝丝使枝条下弯。

14.下侧枝造型。

15.下侧枝再造型。

16.高株顶部枝条造型、蟠扎。

17.剪掉顶部多余枝条。

18.顶梢弯曲处理。

19.两树准备靠接。找到两树最佳靠接点，并用铅笔画出拟靠接轮廓。

20.从远处观察。

21.高株拟做靠接的地方，用嫁接刀沿事先画好轮廓处削去一块皮层。

22.矮株相应靠接地方也削去与高株形状大小相近的皮层。

23.将两树削口形成层对齐吻合。

24.用铁钉固定靠接处。

25.锯口处涂抹愈合剂。

26.用胶带绑缚，使接口紧合，营造利于伤口愈合的黑暗环境，同时防止接口干燥或雨水浸入。

27.选一个长方形紫砂盆，往盆内倒入透气性好并掺有基肥的粗颗粒土。

28.将组合双树放入盆中，倒入细土填充空隙。

29.用竹片插塞土，使其与根系密实结合。

30.调整造型。

31.剪掉多余针叶。

32.作品完成效果图。

(六)曲干式

景名:远方　树种:赤松　作者:徐昊

制作过程

1.这是一棵赤松树桩,2015 年 5 月初对其进行初次创作。素材主干苍老而具漂亮的转折弯曲,但下部缺少枝条,整棵树自顶部分为两杈,左边一杈略细于向右的杈枝,因此视右杈为干、左杈为枝。根据素材的现有条件和树干的势态走向,决定利用左杈枝为主要表现枝,取向左的高位飘枝为表现形式,体现松树的个性美,反映松树雄伟险峻的山岳意境。

2.山采树桩都会有较多的取材锯截留下的桩节，制作时首先要对这些桩节进行雕琢处理，使之形成较为自然的桩节和马眼。

3.对这些贴近主干的截疤进行雕琢时，尽量不去扩大创口，将其雕琢成马眼状，使其经过生长逐渐愈合，尽量保持树干的完整性。

4.对于一些较长的桩节或枯枝，根据整体形式营造的需要，可将其制作成舍利枝或舍利桩节，但松树的舍利枝只能偶尔出现，不能太多，否则既不符合自然规律，又有画蛇添足的感觉。

5.桩节修饰完成后，即开始疏剪枝叶、蟠扎金属丝的工作。因为要对枝条扭折作弯，蟠扎前先将较粗的枝反复扭松，然后绑扎布条或麻绳进行保护。

6.对于有选择余地的枝条，可在分枝处将主枝剪去，利用较长的分枝代替主线条，使之形成硬角转折。

7.较粗的枝单靠金属丝固定不了的，可用金属丝将其牵拉到位。为防树枝折断，一次牵拉到位不了的，可在其生长过程中逐步牵拉到位。

8.由于素材正面缺枝，利用自身树枝进行靠接，这样既可使造型更理想，较之枝头嫁接，也可加速成形时间。

9.这个粗大的主枝是无法一步弯曲到位的，硬拉的话万一折断，整棵树就报废了，因此利用花篮螺丝先拉下一部分，在生长养护过程中逐渐下拉，使其慢慢弯折到理想的位置。

10.松枝的蟠扎塑型要层次分明，疏密有致，以体现松树的枝片特点。

11.由于主枝过粗,初次造型时,主枝的曲线虽已有所表现,但枝的走向远远没有达到立意的要求,而且顶冠偏右,为了保险起见,要在养护过程中逐渐调整。

12.经过3年的不断牵拉调整,主枝已逐渐牵拉到位,树顶也向左拉过了一些,但顶冠还是偏右,与主枝的表现不够协调。

13.2018年复整后,主枝已有良好的表现。

14.2019年再次对顶冠进行调整,已基本达到较为理想的效果。

(七)舍利干式

景名:妙手回春 树种:台湾真柏 作者:张辉明 裔强

制作过程

1.选择长势旺盛、出枝条件较好、枝干托位协调的台湾真柏素材。首先仔细审视素材的前、后、左、右四个面,寻找出该素材未来的最佳观赏面、最美的观赏角度。

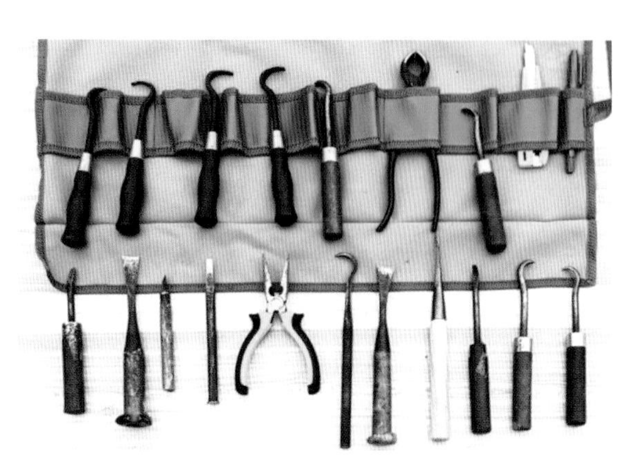

2.准备好完善的雕刻工具。

3.根据心中想好的造型方案，剪除繁杂的枝条，除去平行枝、对生枝、交叉枝，以及弱势的内主枝。同一点位的多枝条剪弱留强，保留一枝，还要考虑保留下一步可以制作成舍利干的枝条。

4.梳理全树枝条，文人树盆景枝条不可过多、过杂。

5.清洁主干树身、树枝，然后用彩色记号笔画出舍利干的部位、形态、走向，注意设计舍利干不宜太直，要捎带旋转，由下部旋转向上，这样既生动活泼，又带动感。

6.舍利干设计完毕,树身扭曲左倾,左侧两枝正好形成上下两片, 右侧上方两枝雕舍利。

7.树身选择向右 90°的树像,左侧舍利,右侧双叶片。

8.树身选择 180°即背面树像。

9.将舍利部分描绘得更清晰,以便之后雕刻。

10.用美工刀沿舍利红线深切,将舍利部分与保留水线部分切开,操作时用力要稳、准,刀锋准确地沿红线走,切勿偏移伤及水线。

11.水线部分与舍利部分皮层已分离,可用勾刀或嫁接刀削去涂上红色的舍利部分的树枝,操作时注意勿伤及水线。

12.循序渐进，挖去树皮后，用雕丝勾刀，越雕越深。

13.树瘤部位木质坚硬，手雕不够力，可以用木凿子，如力道不够可以用榔头锤击。

14.木凿子、大小勾刀交替使用。

15.勾刀上下来回顺树木纹勾出木丝，再用尖嘴钳夹住木丝，撕拉木丝，使舍利部分看起来十分自然。

16.舍利部分要边雕边撕，雕出高低、深浅的层次变化，雕出舍利的流畅协调。

17.舍利干雕刻基本完成。这是文人真柏的背面像。

18. 文人真柏的正面像。

(八)悬崖式

景名:行云流水　树种:铺地柏　作者:红欣园林

制作过程

1.选一棵铺地柏作盆景素材。

2.通过不同方向的观察拟定制作步骤。

3.明确悬崖式定位。

4.自主干基部开始蟠扎。

5.顶部用尖嘴钳扭旋铝丝带动枝条扭曲。

6.剪去杂针叶和多余枝条。

7.侧枝蟠扎造型。

8.修剪侧枝。

9.用翻盆钩把盆边土钩松,以利脱盆。

10.双手协调将泥球取出。

11.选适宜的紫砂签筒盆，并在盆底排水孔处垫上瓦片。

12.削去泥球四周的多余旧土。

13.整理根系，剔除烂根、枯根，剪去多余长根。

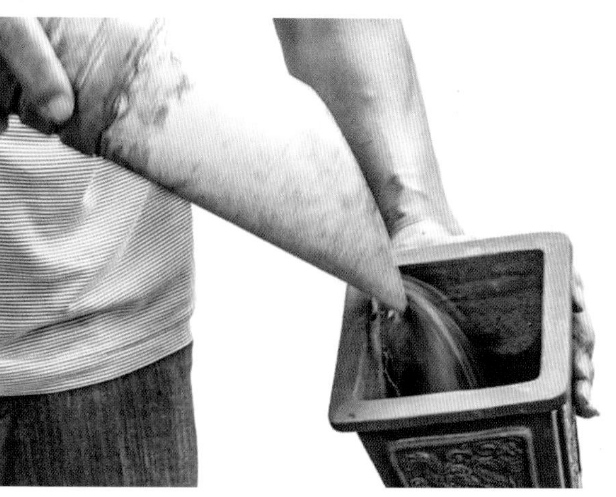

14. 往底部倒入透气性好并掺有基肥的粗颗粒土。

15.植株入盆,并对根部突出部分进行整理固定。

16.填入细土。

17.用竹片插塞土,使土与根部密实结合。

18.铺青苔。

19.浇透定根水,作品完成。

(九)飘枝式

景名:将军风范　树种:罗汉松　作者:红欣园林

制作过程

1.选一棵具有自然飘枝形态、生长旺盛的盆栽罗汉松作为素材。

2.对飘枝进行修剪,修去多余枝条。

3.对顶部进行造型修剪。

4.用铝丝蟠扎。

5.用铝丝蟠扎主飘枝。

6.观察顶部逆向枝。

7.对逆向枝进行破干处理。

8.往伤口处涂抹愈合剂。

9.用嫁接膜进行包扎。

10.展示逆向枝,准备扭旋整形。

11.将顶部蟠扎。

12.顶枝继续扭旋造型。

13.用铝丝吊拉左下枝使其与飘枝相呼应。

14.整体造型完毕。由于植株重心偏左,需要脱盆右移。

15.用翻盆钩把盆边缘的土耙松,用直锹把植株泥球从盆中撬出。

16.削去泥球四周的部分旧土。

17.整理根系，剔除烂根、枯根，剪去多余长根。

18.往底部垫瓦片，并倒入透气性好且掺有基肥的粗颗粒土。

19.继续倒入中细土。

20.植株重新入盆，填土固定，用竹片插塞泥土，使其和根部密实结合。

21.浇上定根水，作品完成。

（十）垂枝式

景名：垂柳依依　树种：小石积　作者：红欣园林

制作过程

1.选枝条细长柔软的盆栽小石积作为素材，从不同方向观察植株，确定观赏面。

2.剪枝除去多余杂乱枝条。

3.剪去交叉枝。

4.剪去孽生枝。

5.蟠扎右下枝。

6.蟠扎左枝条造型。

7.蟠扎顶部造型。

8.初步造型完毕。

9.多方审视植株,进行细处微调。

10.植株脱盆。

11.削去泥球四周的部分旧土。

12.整理根系,剔除烂根、枯根,剪去多余长根。

13.在盆底排水孔垫瓦片。

14.倒入透气性好并掺有基肥的粗颗粒土。

15.将植株放入盆中,倒入细土填充空隙。

16.用竹片插塞土,使其与根部密实结合。

17.换土完毕,浇透定根水。

(十一)雨林式

景名:神奇的雨林　树种:博兰　作者:刘传刚

制作过程

1.树木为博兰(正、反面原桩),树木枝条高度为216 cm。

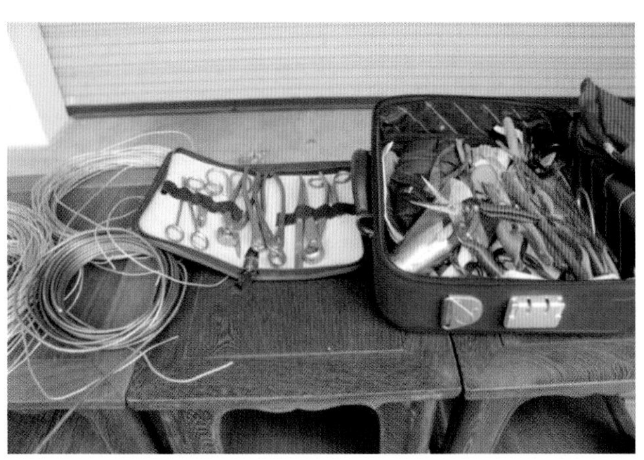

2.所用工具。

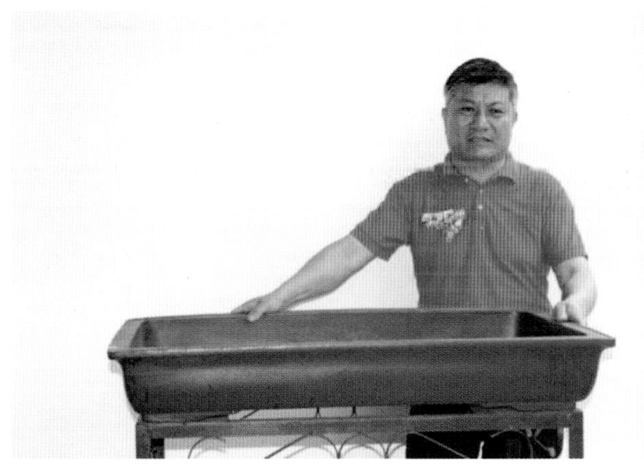

3.用盆为长方形紫砂盆,长110 cm,宽65 cm。

4.树木摘叶后,修剪枝条,再清掉多余的枝条。高度控制在120 cm以内。

5.对每根枝条进行竖向绑扎。

6.枝条绑扎后的局部效果。

7.将绑扎和造型后的树木从原盆中脱出，并修剪根系。

8.将铁纱网放入盆洞中。

9. 将造型完成的树木放入盆中（放置树木前，盆中要放置好盆土）。

10.细心地将盆土压紧。

11.开始铺种苔藓。

12.完成后的作品(正面)。

13.完成后的作品(反面)。

二、山水盆景

(一)平远式

景名:富春江　石种:锦鳞石　作者:红欣园林

制作过程

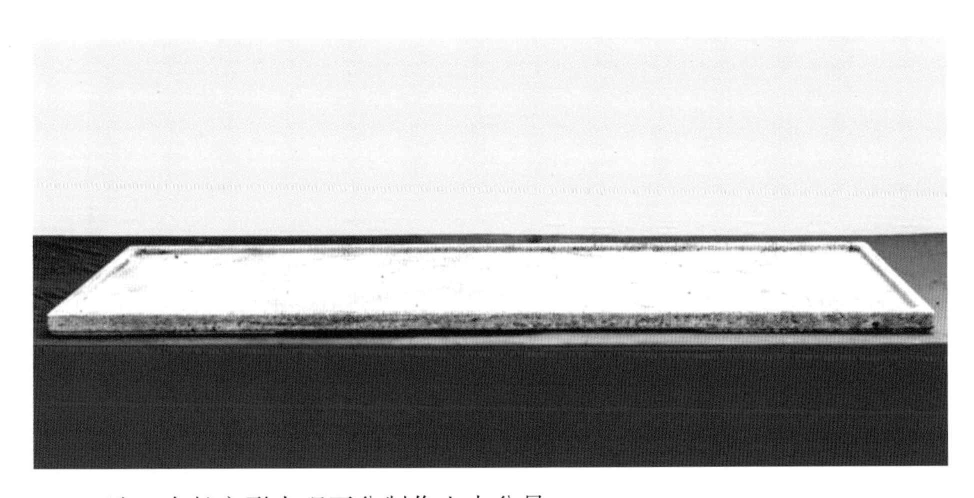

1.选一个长方形大理石盆制作山水盆景。

2.在盆右后方安置一块适当大小的锦鳞石作为主景。

3.在主景前方摆放一座富有层次感的低矮山丘。

4.在正前方铺设一块颜色相近的锦鳞石。

5.添加一块坡脚。

6.继续在主景右前方填充一块景石。

7.主峰左前方又添了一座小山丘,使其向江面延伸。

8.在小山丘前面填充一块景石,使山体更富连贯性。

9.主峰左侧增添了坡脚,使山势得以延续。

10.继续添加坡脚、石滩，主体布局基本完成。

11.盆左边安置一块景石作配景。

12.配景周边增添坡脚、石滩。

13.主、配景之间的后方增添一组低矮远山，以增加前后景深度。

14.整体布局基本完成,用水泥黏合山体基部。

15.逐步安置山体。

16.铺青苔。

17.种植低矮植物小叶冷水花。

18.用画笔清洗山体。

19.清洁盆面。

20.布放小摆件——帆船和篷船,作品完成。

(二)深远式

景名:渔舟唱晚　石种:锦鳞石　作者:红欣园林

制作过程

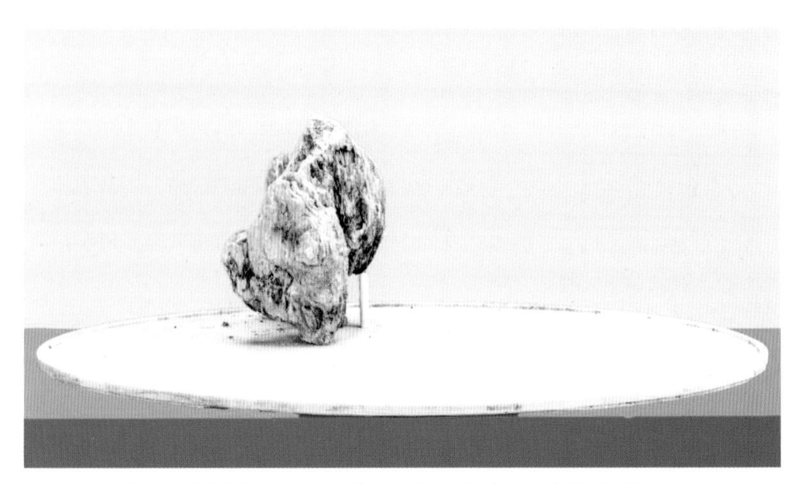

1.选择一块锦鳞石立于盆左边三分之一处作主峰。

2.主峰左边再配置纹理相同的次峰。

3.两峰前面安置一座小山,丰富了山体的层次感,遮住了凌乱的石头。

4.盆右边设置一组连绵而平缓的山峦作配景，起到平衡、呼应的作用。

5.在配景后面增添一块色泽相同的景石，增加了配景厚度。

6.主峰前方再立一块景石，连接左右。

7.主峰周边安置了平台、矶石。

8.主山体前方添置几块景石,形成一个小港湾。

9.平台周边增加了一组坡脚。

10.主、配景周边分别增添了矶石与山脚,弥补了水面的空旷。

11.主峰右后方布置一组远山,增添了深远感。

12.在近景区增添了矶石和岛屿。

13.在山体基部抹上水泥进行胶合固定。

14.安置山石。

15.用水泥把山体连接处塞紧。

16.用画笔清洗山体及盆面。

17.布置摆件亭与船，铺青苔，种植小植物。

18.将六月雪从盆中取出，剪去过长根系，植入预留的洞穴中。

19.在远处安置帆船，增加江面景深，作品完成。

(三)深远式

景名：云岭画　石种：云南龟纹石　作者：韦群杰

制作过程

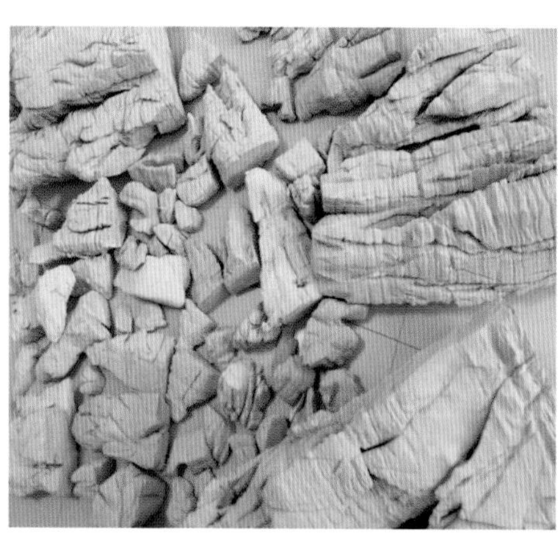

1.选择石种、形态、色彩、质地、纹理统一的龟纹石。

2.选用白色大理石或汉白玉制作的浅口盆。

3.石料加工之一。

4.石料加工之二。

5.先布置主景的主峰。

6.再布置主景的其他次峰、配峰。

7.然后添加配石、坡脚。

8.在盆的右端增加配景。

9.布置水岸线、点石。

10.山体基本完成。

11.再次审定、修改、定稿，使其达到满意的效果。

12.将一半水泥、一半细沙搅拌均匀作为黏合材料。

13.胶接、浇塑、黏合。

14.选择好需要种植的树木、苔藓。

15. 把种植的植物从盆中拔出，抖掉多余的土,剪掉多余的根,栽入假山中。

16.点缀小植物,铺青苔。

17.把盆面打扫清洗干净。

18.此盆景所立的“意”就是要表现七彩云南大山大水的诗情画意,故题名:云岭画。

(四)高远式

景名:李白诗意　石种:鱼鳞石　作者:红欣园林

制作过程

1. 创作高远式山水盆景,盆选用圆形盆,主峰置盆后中略左。

2 第一块石略低,紧靠其左侧。

3.第三块石置上后,主峰的山形轮廓就出来了。

4.在主峰前面配置矮山,增加纵深感。

5.主峰前面安排一平台，右侧安排低矮远山。

6.围绕主峰的布局基本完成。

7.在盆右侧布局配峰。

8.围绕配峰继续布局。

9.在远山与主峰之间增加一个次高山尖顶,山势险峻突出。

10.前面空旷处布置点石,布局完成。

11.栽上植物,置放摆件。

(五)孤峰式

景名:江峰独秀　石种:淄博文石　作者:李云龙

制作过程

1. 选择一块高耸山形石作为孤峰式山水盆景的主体,将整体构图确立后,再结合主石的特征确立"破石"的部位和方法。

2.用磨光机将主石内部掏空,准备栽种植物的洞穴。

3.将制作好的山体用高标号的水泥进行黏合,砖石相接的缝隙一定要紧密,尽量不留水泥痕迹,保湿养护一周即可。

4.根据主石观赏面左侧呈悬空状的特点,将主峰安置在白色大理石浅盆偏右侧,再配上与主峰相协调的景石作为相呼应的远山。

5.选用有 17 年树龄的苍劲老辣的米叶冬青作为配树，栽种在山体上。

6.将选好的树除去一部分根系，大体修剪一下枝条，从下向上依次栽种。

7.继续往山体上栽种植物。

8.在栽种"小老树"时注意处理好树与树之间的主次、疏密、态势、呼应等关系,处理好树与石之间环抱、拥靠等自然状态。

9.在山体顶部左边再添加一棵小树,显得浑厚丰满。

10. 在悬崖边再添一枝米叶冬青,显得山体更有自然野趣。

11.种植完毕后根据整体效果进行统一修剪,再把盆面清理干净,在山脚平台的树下置一茅屋。

12.在江面上再添一舟,显得生机勃勃, 衬托了孤峰的宏伟高大,这样就完成了"破石栽树"法的过程。

(六)呼应式

景名:长啸　石种:黑玲珑石　作者:乔红根

制作过程

1.选石:先从石堆里挑出颜色、纹理接近的黑玲珑石,作为盆景制作的材料。主峰:从石料中选出一块较高、体量较大的黑玲珑石,置于盆面左侧三分之一处并用三块红砖来辅助成为主峰。

2.配峰:在主峰左侧粘贴石料,丰富主体,使之达到平衡,并在右侧放置一块较低的石料作为配峰。

3.丰富山体:选两块薄石料拼接严实后,布置在主峰的左侧,以形成与主峰高低连绵之势。对配峰进行加工并丰富层次。

4.丰富配峰：继续增加配峰的体量，使之形成右收左放的山势与主峰呼应，并形成错落有致的布局。

5.坡脚：在主峰右下方布置一块大坡脚，使之超出主峰的悬崖处。然后把两块低矮石料下部切平作为坡脚，嵌入主峰次矮山的石缝中，使山体更为结实并丰富水面效果。

6.改造山体：将主、配峰山体移至盆外工作台上，对其外形进行改造。通过整形后使之玲珑剔透，并形成几个平台，再放回原处。在配峰的左后方增加一块坡脚，以改善此处的水岸线。

7.点石：把两块大小不一的石料错落地布置在主峰的右下侧，形成似连非连的状态，将主山向右面延伸。在主、配峰的周边也适当地布置一些坡脚与点石，使之更加自然贴切。

8.设种植穴：再经观察无误后，将所有山石连接处用水泥嵌缝进行黏合，以增强其牢固度，同时将种植穴底部铺上一层水泥，并在后面或侧面石缝中留出水孔。水岸线：整体的景观已布局完毕，水面形成了“S”形走向。山体蜿蜒曲折、迂回延伸，最后将整体黏合成自然的水岸线。

9.着色：用丙烯颜料对山体进行着色处理，将丙烯颜料加水拌匀后，对整个盆景的石料都上色一遍，第二天干透后观察，如果有些部位还有缺陷，再局部上色直至达到最佳效果。

(七)景屏式

景名:青龙探海　石种:英德石　作者:红欣园林

制作过程

1.选两个大小适宜的椭圆形大理石盆。

2.把大的椭圆形盆立在小椭圆形盆后方,拟做景屏式盆景。

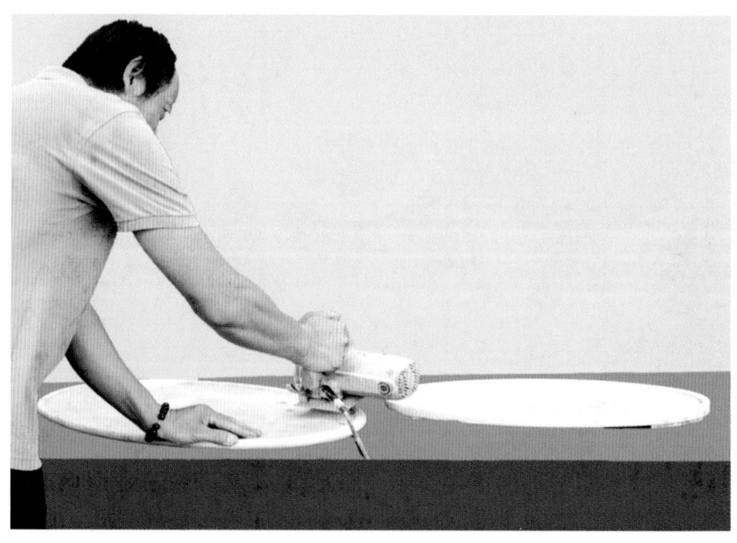

3.在大盆四分之一处,用切割机进行切割。

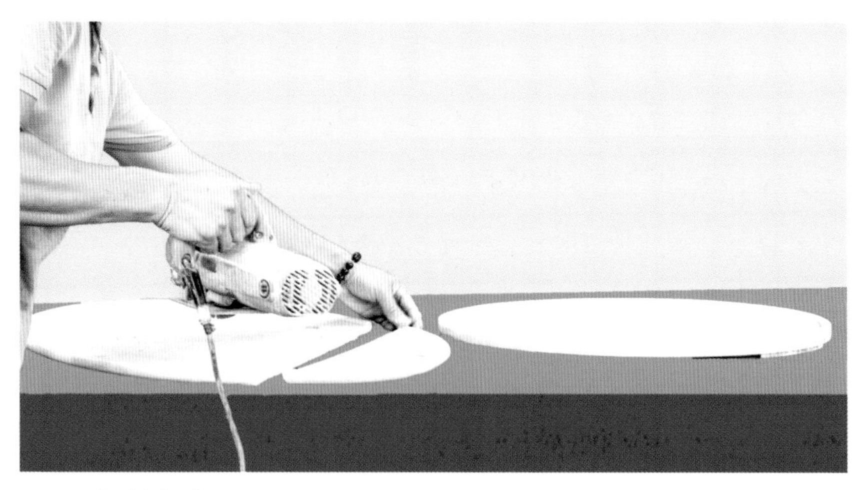

4.切割完成。

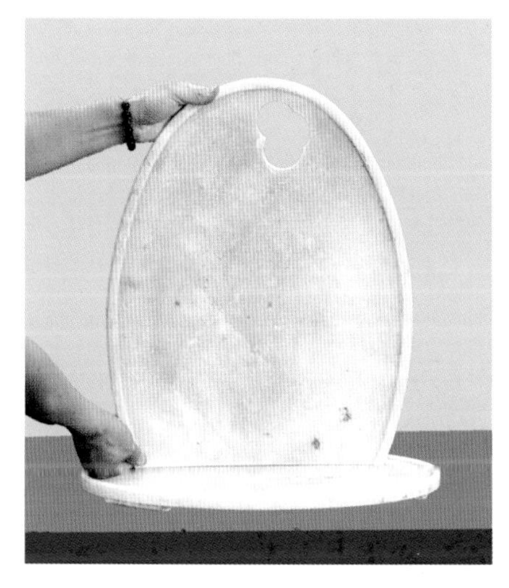

5.在大盆上方钻一个三叶草形的空洞，再将大盆立于小盆偏后方的位置。

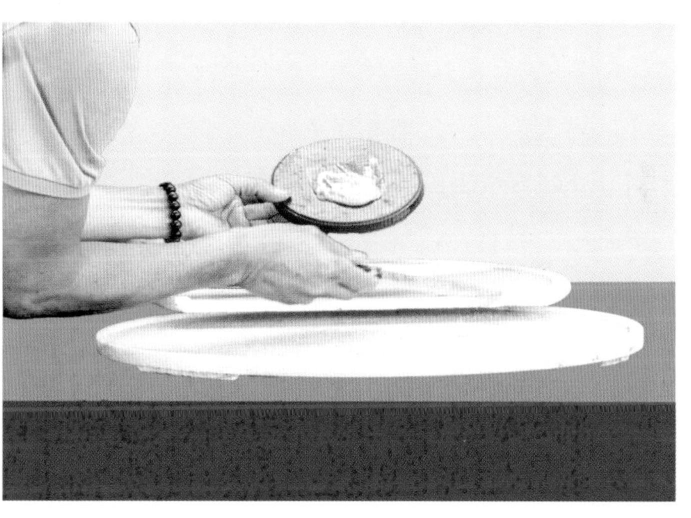

6.将云石胶抹在大盆切割处底部，立刻安在设定的位置。

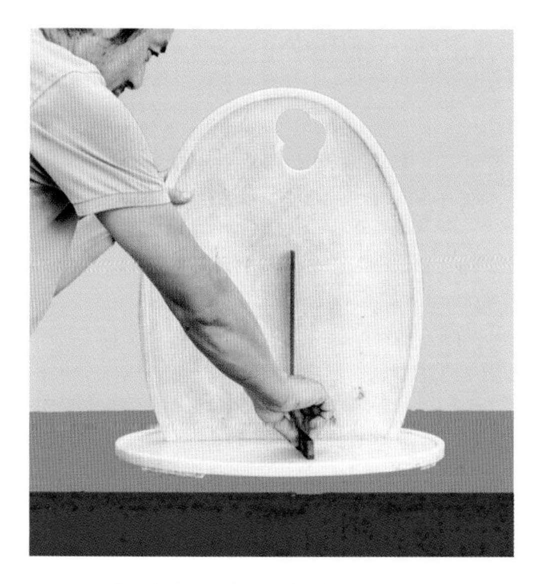

7.右手拿丁字尺定位，左手扶盆，将其立直立稳。待两盆黏合好后再松手。

8.用云石胶把一块石料粘在景屏后方底部。

9.把一块丁字形石料安置在块石左侧,用铅笔做好定位记号。

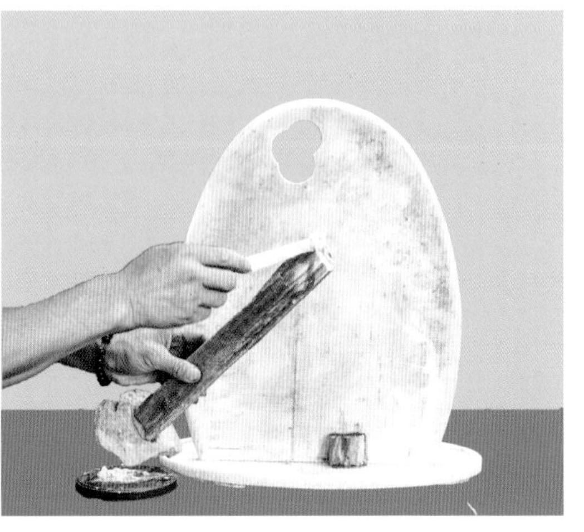

10.在丁字形石料底部抹上云石胶。

11. 将丁字形石料固定在已确定好的位置上。

12.在丁字形石料左右各安置两块小石头,起稳固作用。

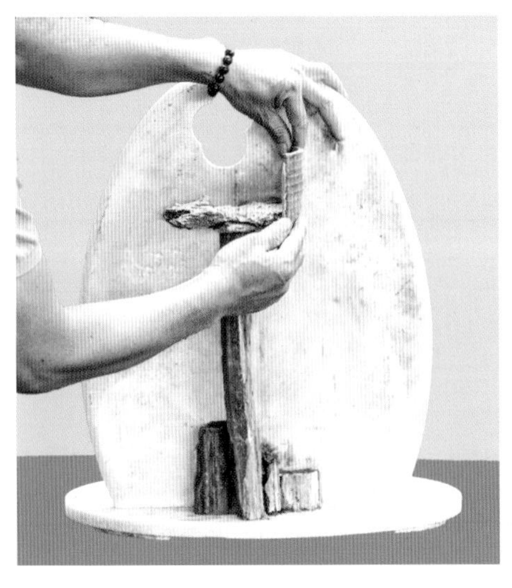

13. 用云石胶将一片瓦固定在丁字形石料顶端的右边。

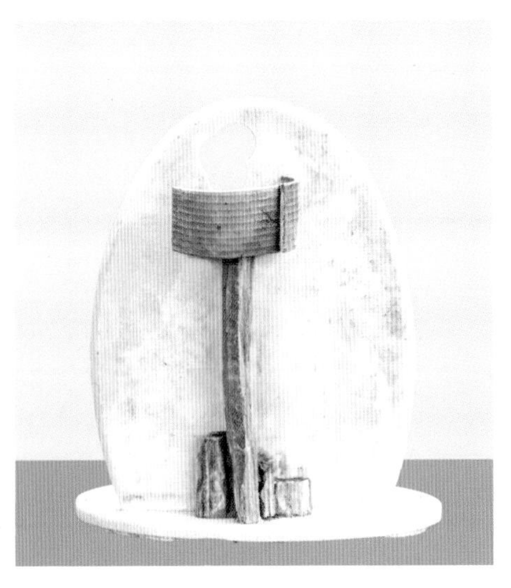

14.继续粘瓦片。

15.形成一个花槽。

16.将米真柏从花盆取出。

17.剪掉多余根系。

18.将米真柏穿过三叶草形洞。

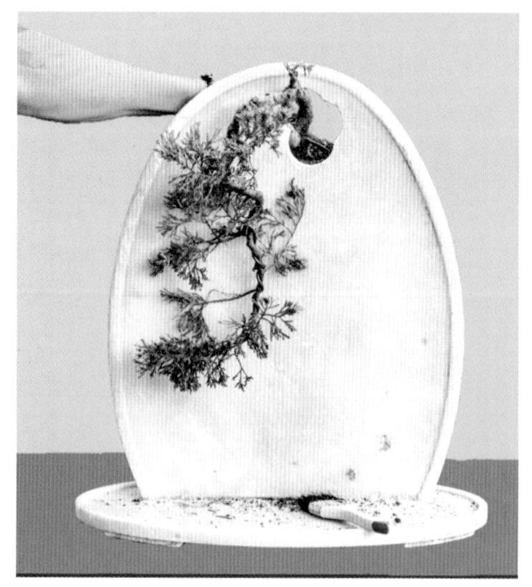

19.把米真柏种在已做好的花槽中。

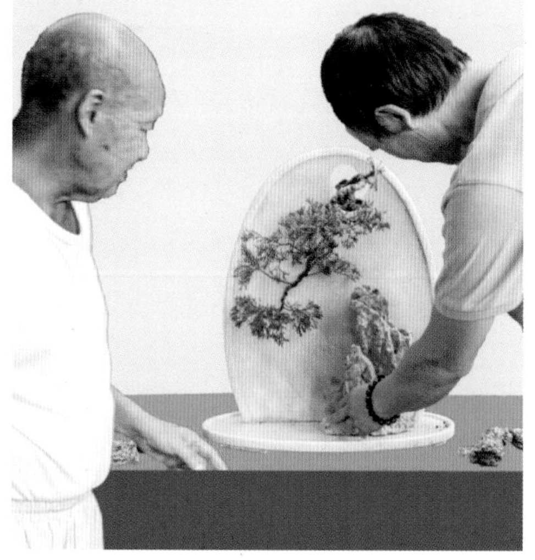

20.选一组双峰英德石,安在景屏正面右侧。

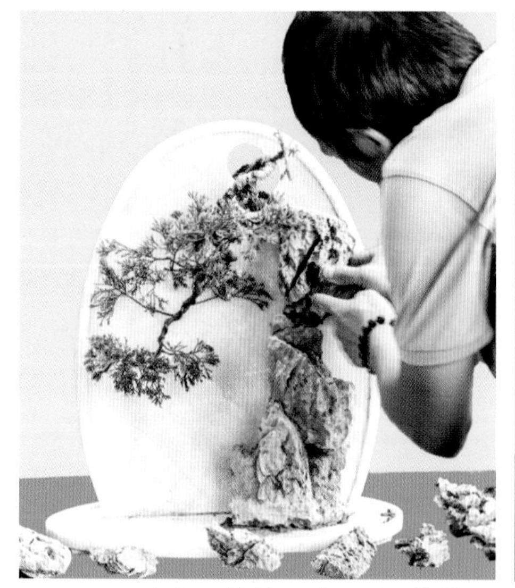

21. 再选一块纹理相近的英德石立在双峰英德石上方,并用水泥将其固定。

22. 取一块带凹槽的小景石粘在洞口处与其下部石头相连, 遮住洞口,同时起到固定米真柏的作用。

23.在双峰英德石周边配置条状景石,丰富山体。

24.在山体左下方再添加一块景石平衡山体,作品完成。

(八)组合变化式

景名:峡江泛舟　石种:面条石　作者:仲济南

制作过程

利用仅剩的十多块面条石，经雕琢、切割、胶合处理，做成《峡江泛舟》(盆长60厘米)。在制作过程中，作者有意在胶合固定时，将整件作品分成五组大小、高矮不等的山体，以便可以将其拆开，用这五组山石重新做多种布局造型。通过变化布局，可获得多种造型形式，然后确定最佳形式而固定下来。只要不做胶合固定，以后还可重新调整，使一件山水作品可以变换多种山水形式。现提供调整后的十余种造型形式，供参考欣赏。

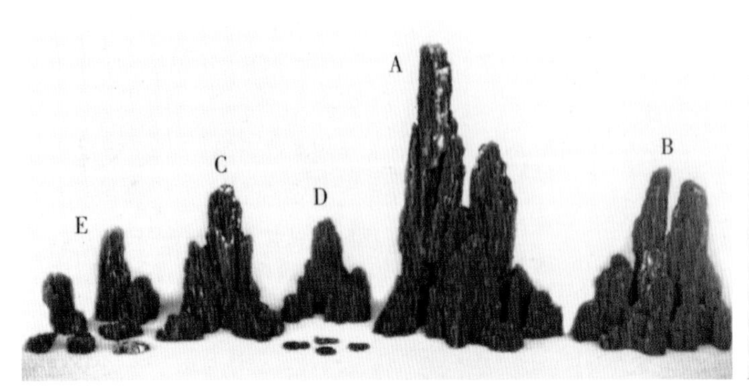

1.五组山体。(A、B、C、D、E组)

2.选用A组作主峰，置于盆的右侧，C、E两组置左侧，并稍做坡脚处理，去掉B、D组。(盆长40厘米)

3.选用A组作主峰，置左侧，B组作配峰，去掉C、D、E三组。(盆长40厘米)

4.选用A、B、D三组，使其紧靠在一起成连体式。(盆长40厘米)

5.选用B组作主峰，置右侧，配D组置左侧，去掉A、C、E三组。(盆长30厘米)

6. 选用C组作主峰，D组紧靠其后，E组作配峰，并将一小石置其左侧，丰富配峰山形。(盆长30厘米)

7.去掉B组,D组置A组右后侧,C、E两组作配峰。江中靠主峰一侧放一石作坡脚临江,使山形轮廓出现变化。(盆长60厘米)

8.此作与《峡江泛舟》稍有不同,即A组与C组、D组与B组之间距离拉大。(盆长60厘米)

9.A、B、D三组置右侧,C、E两组作配峰,置左侧。(盆长60厘米)

10.去掉B组,其余四组连成一体,并在右侧水面上置一坡石,成江中小渚。(盆长60厘米)

11. 去掉D组，A、B两组成主景，C、E两组成配景。(盆长60厘米)

12. 去掉B组，A、C、E三组连成一体成主景，D组作配山，置另一侧，配山后放两块小石。(盆长60厘米)

13.去掉C组，A、E两组置盆右侧，B、D两组置左侧，B组边放一平坡，置亭、船。(盆长60厘米)

14.A组置盆中间，紧靠其右后侧是D、B两组，C、E两组作配峰，位于盆的左侧，中间江水上点缀一小船，再在配峰前水面放一散石，使之虚中有实，最后种上小草，配以亭、船，又一新布局形式产生。(盆长60厘米)

三、树石盆景

(一)水畔式

景名:海风吹拂五千年　树种:对节白蜡　石种:龟纹石　作者:贺淦荪　文字:张辉明　绘图:汪明强

制作过程

1.意在笔先,确立主题思想。1997 年 7 月 1 日是香港回归祖国的日子。早在几年前就有大批文人志士心情激动,创作诗词、字画歌赋,歌颂这一伟大历史事件。作为盆景界的有识之士,贺老亦心潮澎湃,谋划创作一件树石盆景来纪念中华民族这一难忘的日子。

2.选材。树材:选用国家二级珍稀植物对节白蜡,以动势盆景表现手法来造型。

石材:湖北大冶、咸宁、荆门等地多产龟纹石,且龟纹石形态自然而有变化,宜表现被海浪侵蚀的海岸礁石。要求所选石纹理统一、颜色相同。

用盆：选用长 1.2 米的椭圆形大理石浅盆。

3.工具准备：石料切割机、泥工刀、手锯、枝剪、牙剪、老虎钳、铁锤、起子、凿子、刮刀、毛刷等。

4.绘制草图：根据收集到的树石素材，结合已确立的创作主题思想，反复推敲，仔细琢磨，打好腹稿，并根据腹稿在大理石盆上用铅笔画出简单布局，画出水面大体位置，有条件的可画简单草图。

5.布局：树石素材有了，创作思路有了，创作草图绘好了，下一步可以摆好摆平大理石浅盆，理顺工具、材料，在盆上进行排列布局了。

6.布主峦：先在大理石浅盆的最左侧靠前方摆一块圆润、体量稍大的龟纹石，石前方稍留水面空间，石背后多留空间，以便盛土种树。

7.布配峦：再在龟纹石的右侧放一块体量小且低矮的龟纹石，这样可以体现大小、高低变化。

8.配连绵峦：在盆中龟纹石的右侧放一组比右侧龟纹石稍低、起伏有高低变化、水岸有弯曲变化的稍长且有整体感的龟纹石，该石应与右侧龟纹石连接自然，纹理自然统一，连接处不露做手。

9.继续堆石：在左侧龟纹石的右侧再放接块龟纹石，高度不能高于左侧的龟纹石，且要求拼接自然贴切，不可有人工痕迹，且纹理要顺。接此石是为了表现山岭海岸的雄浑蜿蜒、连绵不断。调整水面与旱地的大小比例，做到旱多水少，既美观又宜种树。

10.配主树：摆上对节白蜡主树，摆好角度。主树种植宜放在大理石盆左侧，重心在左侧三分之一处，树势由左向右飘伸。

11.配副树：摆上左侧的客树，客树欲右先左，飘枝向右伸，与主树保持协调，客树低矮瘦小，正好衬托对比出主树的高大。

12.布海岸线：拼接好大理石盆右侧的远景。透视关系：远景宜平缓，不可有太尖太高的山峰，拼接维多利亚港建筑群的海岸平台，以便随后放摆件。

13.点石：从构图上看，盆景正前方坡岸高低曲面有变化，只是空白的水面部分太空，补上两块海岛石后显得活泼自然。

14.微整：整体再仔细品味，构图左侧略重，不平衡，在盆右侧前方放一地平龟纹石，让布局左右均衡。

15.布局摆件：仔细审视，以达到设计要求。下一步，用水泥或胶水将龟纹石组固定，按最佳角度小心种植好主树与客树，然后种上苔藓，清洁盆面，放上精心设计、手工雕刻的建筑物摆件，作品创作完成。

(二)水畔式

景名:临江摇曳　树种:真柏　石种:英德石　作者:红欣园林

制作过程

1.把挑选好的石块底部切割平整,以便胶合在盆中。

2.挑出一块高耸和一块略矮的英德石,组成山石主景。

3.在主景右侧摆石,并在后面用石围起,以便盛土栽树。

4.主景前面置矮山小坡。

5.水面右侧用两块小石组成矮山配峰。

6.水面小山坡脚略做调整。

7.把挑选好的植物真柏从盆中托出，准备栽植在盆中。

8.先去掉过多的泥土。

9.再剪去过长的根系，以便栽种。

10.先放入一棵临水式真柏，观察是否合适。

11.一棵显然不行，左侧过于空虚。在主山后面再放上一棵真柏。

12.将树姿稍做调整。

13.继续调整树姿,直到满意为止。

14.最后定型。

15.加土栽植。

16.土面上铺种苔藓。

17.修剪树姿。

18.经修剪后树姿焕然一新。

19.放上摆件,作品完成。

(三)穿洞式

景名:穿穴绕涧秀春风　石种:太湖石　绘图作者:张辉明

制作过程

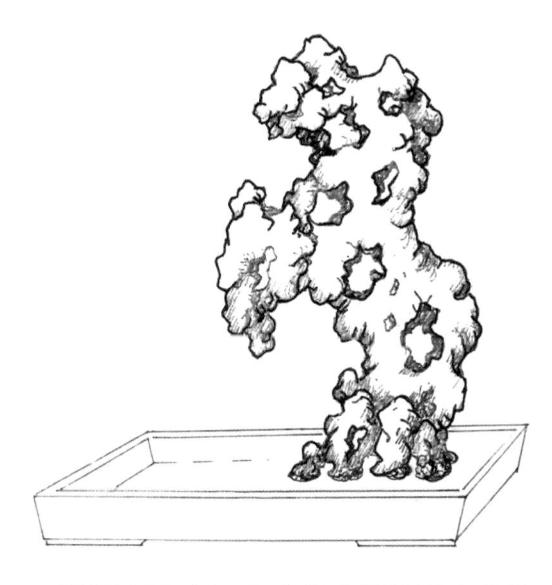

1.根据图纸要求,找来符合设计要求的长方形紫砂盆景盆,并将太湖石用水泥砂浆或直接用石头胶粘在紫砂盆相应的位置上,注意角度、垂直度与设计图相符。

2. 将粗 5~8 mm, 高 1.8 m 的小叶罗汉松苗脱盆,抖去部分泥土,缩小土球,选好苗贴石的角度,摘除苗靠石一侧过多的针叶,剪去部分弱枝芽,将苗置于盆中设计位置上,贴紧,在下层穿洞,穿洞时注意勿伤树苗,加胶皮垫紧固。

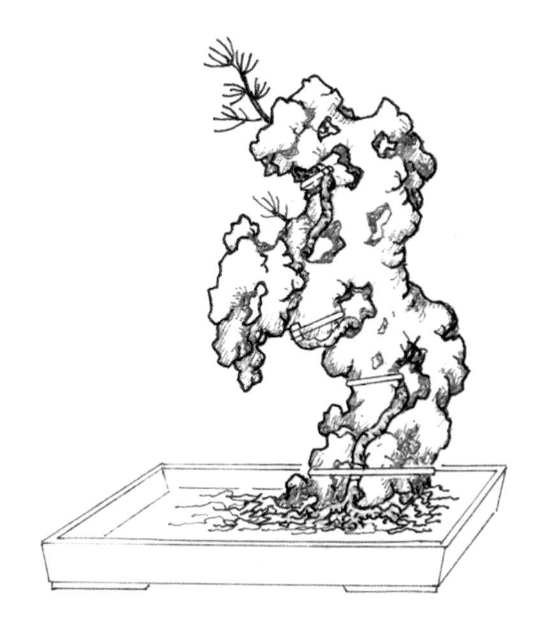

3.按设计要求,将罗汉松苗小心穿过第二个洞,穿好后,看好下一步的穿行路线,带紧树苗,树干受力部位加胶皮垫,用金属丝捆紧。继续穿行剩余的两个洞,正反穿行时注意在树苗转折时勿伤树苗,穿行之后,一手提树苗顶部,另一手慢慢带紧,勿使树苗与石之间有间隙。然后找准受力部位,树加胶皮垫固紧。

4.顺利穿过最上层的洞穴之后,可根据设计要求,将树苗顶部从左上方贴石斜出,树苗顶部朝上,加胶皮垫固紧。

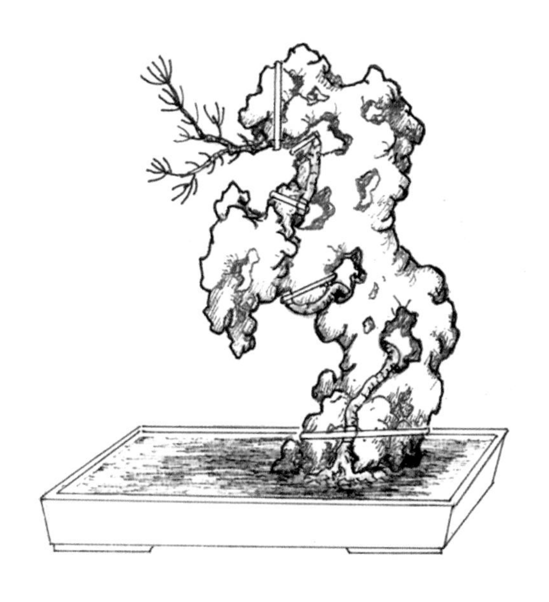

5.缠绕已完成,下一步可理顺树根,给盆景盆填满培植土,并小心用竹签将根部插实,浇透定根水,将盆景放置在有阳光且通风的环境中,薄肥勤施,精心培养。

6.一年后,树苗生长良好,可按设计要求将罗汉松树苗骨干枝用铝线蟠扎,以免长粗后扎不动了,此时只扎不剪,剪枝打头实际上是抑制了树的长大长粗。

7.放养 4~5 年,其间每年生长季节注意抹去过多无用的不定芽,剪除徒生枝,注意骨干枝蟠扎后适时折线,注意病虫防治、水肥管理。

放养后,罗汉松苗已经明显长大长粗,可以对罗汉松过长的顶枝、侧枝逼短。参考“截干蓄枝”,对罗汉松顶枝保留的侧枝托位,保留 4~6 cm,多的切除。切除时注意,罗汉松不比杂木类树木,切除时所留托位要保留叶片或芽点,以免切除后不发新芽。若无芽点或叶片,可以留长到托位有叶或小枝时,待所留托位逼出新芽后再切,分两步到位。

8.经过 5~6 年以上的剪截造型,此时第一托位的新枝已长粗到 3~5 mm,可以用金属铝线进行蟠扎造型了,参考原设计图将罗汉松全树结合石的高低形态进行统一蟠扎造型。造型时注意悬挂树的特性,保持树冠的统一与变化,注意片与片之间的大小、疏密、高低、前后、虚实、争让关系,还需注意树冠不可太大、太长,太大将会使石头比例缩小。至此,穿洞式罗汉松附石盆景创作初成,太湖石的奇特灵秀使得作品不同凡响,假以时日,再经过几个生长季,作品将更加旺盛老辣。

(四)环绕式

景名:崖上松涛　石种:英德石　绘图:张辉明

制作过程

1.根据设计图纸要求,选好与设计图纸相匹配的长方形紫砂盆景盆,并将灵璧石用水泥砂浆或直接用云石胶粘牢在紫砂盆相应的位置上,注意角度、垂直度与设计图相符。

2.按设计图要求认准石的最佳观赏角度，将黑松苗脱盆，抖去部分泥土，尝试着将黑松苗放在灵璧石图纸所示凹槽部位，看合适与否，若树苗靠石一侧土球大了，根系长了，根部不能顺利进入凹槽中，则可剪除、削小树苗靠石凹槽部位的土球，切除部分根系，使树苗根部稍稍用力便可进入石的凹槽部位，树根部与树苗干部贴紧石头。操作时注意剪掉过多的侧枝，然后加上胶皮垫，用金属丝捆紧。

3.根据原设计缠绕线路，将黑松苗沿石的右上方绕，遇到拐角处，先反复扭动黑松苗将要弯拐的部位，软化树干木质，使之能顺利拐弯而不折断。树苗左拐后，回到石正面凹处，再将树苗往右上缠绕。连拐两道弯，可在树干受力处加胶皮垫固紧。

4.按设计缠绕线路认真操作，小心缠绕，如此反复，直到树苗从石顶部左侧上方伸出。保持树苗顶部朝上，然后每道弯拐处均捆一道金属丝，将树苗捆紧。

5.弯拐缠绕已完成，下一步可理顺树根，给盆景盆填满培养土，并小心用竹签将根部插实，浇透定根水，将盆景放置在通风良好、阳光充足的环境中，薄肥勤施，精心护养。

6.一年后，黑松苗生长良好，可按设计要求，将黑松苗骨干枝用铝线蟠扎，以免树干长粗后扎不动了。此时只扎不剪，因为剪枝打头抑制了树苗的长大长粗。

7.五年后，黑松苗已明显长大长粗，可以将黑松过长的顶枝、侧枝进行逼短缩枝，黑松在逼短剪枝时一定注意保留的枝托上一定要有侧枝，若托位上无侧枝，或针叶一定发不出新枝，或留侧枝后托位还太长，可在所留托位出新枝后进行二次再切除，千万不可急于求成。此时第一托位的新枝已长粗到 3~5 mm，可以用铝线进行蟠扎造型。参考原设计图，将黑松结合石的走势与大小进行统一蟠扎造型，造型时注意保持树冠的统一与变化，注意叶片之间的大小、疏密、前后、高低、虚实、争让关系。

至此，环绕式附石盆景创作初成，若假以时日，再多养几年，作品将更加雄健老辣，越来越成熟，越来越优美。

(五)石上式

景名:牧牛归山 树种:榆树 石种:吸水石 作者:红欣园林

制作过程

1.选出主山石料砂积石。

2.选出配山石料。

3.准备大理石浅盆。

4.在准备栽树的地方雕琢洞穴。

5.雕琢加工配山石料。

6.栽树洞穴已雕琢好。

7.在盆中放满土。

8.布局主山、配山。

9.准备在山石上栽入树木。

10.树木脱盆。

11.剔除盆土。

12.剪去多余的根系,便于栽种。

13.将树木栽种于石上。

14.在树的根部和盆面上铺苔藓,放上“牧牛”和“小亭”配件,作品完成。

(六)丛林式

景名:听松　树种:五针松　石种:英德石　作者:孟广陵、施爱芳

制作过程

1.选用直径为80厘米的正圆形大理石盆。

2.选用的树木为7株直干形五针松,均已经过一定时间的整姿与培育,达到初步成型。其中的5株已组合成丛林,种在一只浅盆中。

3.选用的石头为灰黑色的英德石,主要取其色泽沉稳、形态刚劲,与松树的风格协调。

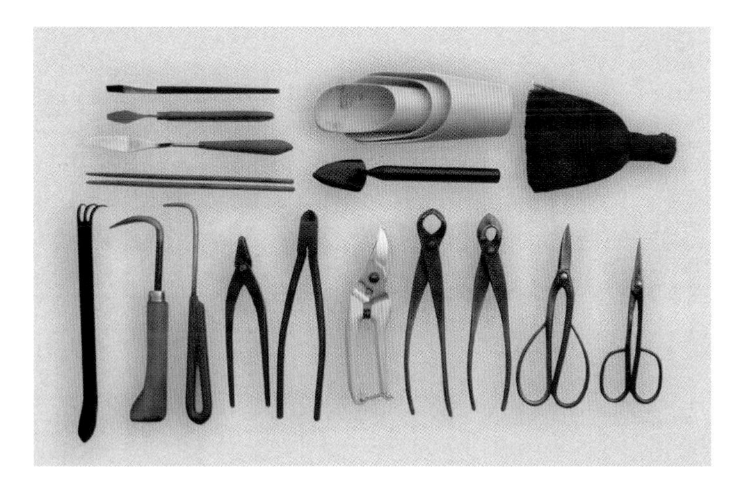

4.制作水旱盆景的主要工具。

5.为防止在脱盆时根部的新土松散，在操作前先用铜丝将 5 株树的基部连在一起，然后按照初步的构思，在盆中试作布局。布局时首先确定树木的位置，同时也要考虑山石与水面的位置。

6.在原有 5 株树的后方再增加 2 株小树，以表现丛林的深度。

7.树木布局完毕。

8.对每一株树进行修剪,以调整内部结构和整体造型。

9.用愈合剂抹在修剪的伤口上,以防止松脂外流,促进伤口愈合。

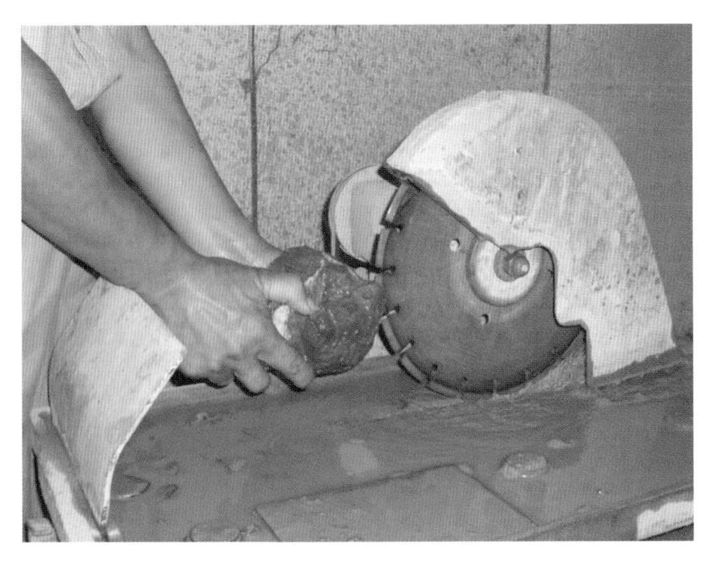

10.用切石机切割石头，将不需要的部分去除。

11.用作坡岸的石头底部必须切平。

12.树木布局和石头加工完成后，便可配置石头。一般先布局坡岸，后布局旱地点石，最后布局水面点石。石头的布局应有起伏以及大小块面的搭配，才能显出自然与生动，还须与树木协调。

13.点石对地形处理和水面变化起到重要作用,有时还可以弥补某些树木的根部缺陷。旱地点石要与坡岸相呼应,与树木相衬托,与土面结合自然;水面点石应注意大小相间、聚散得当。

14.水岸线要曲折多变。

15.石头布局完毕。

16.暂时移走盆左前方的点石,栽种一丛细小的石榴,与松树形成对比,并增加自然气息。

17.再将盆左前方的点石放回原来的位置。

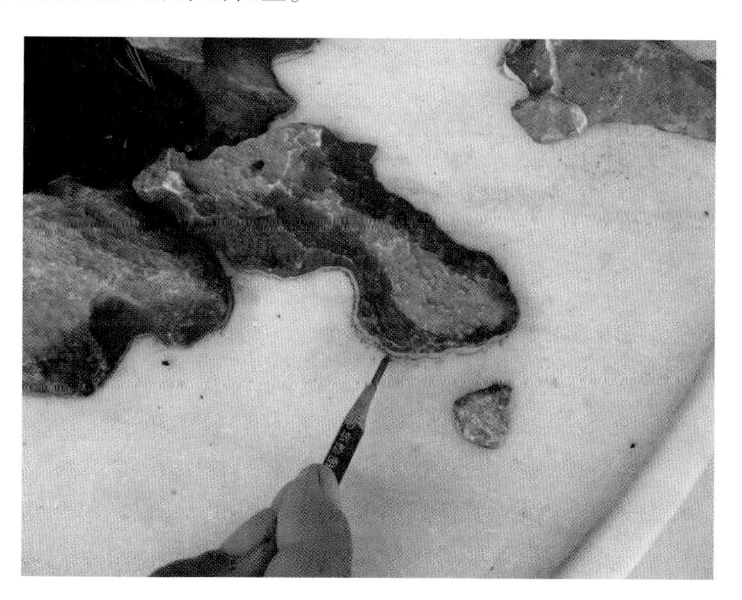

18.用铅笔将坡岸石及水中点石的位置在盆中画上记号。

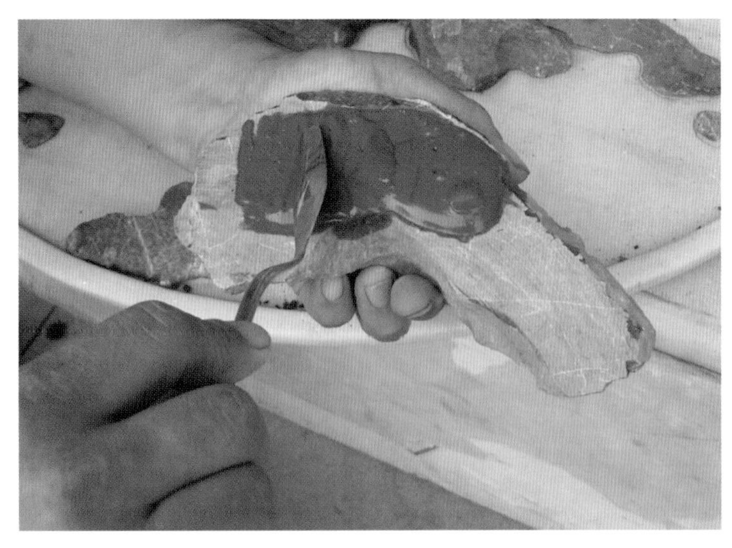

19.将水泥加水调拌均匀，用作胶合石料。水泥宜选凝固速度较快的，一般加水调和后即可使用。为增加胶合强度，调拌水泥可酌情加入107胶（一种增加水泥强度的掺合剂），也可全部用107胶调拌。胶合石头时先用油画刮刀将水泥均匀地抹在石头的平面上。

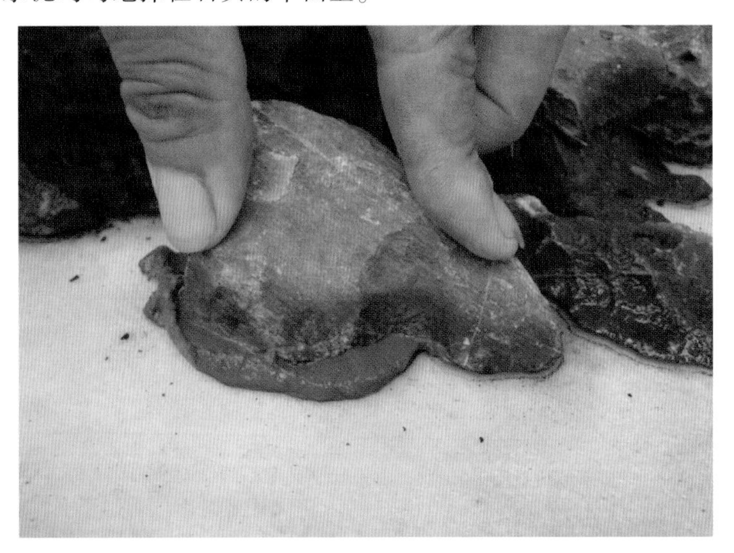

20.将坡岸石及水中的点石胶合在盆中原先定好的位置上。胶合石头须紧密，不仅要将石头与盆面结合好，还要将石头之间结合好。

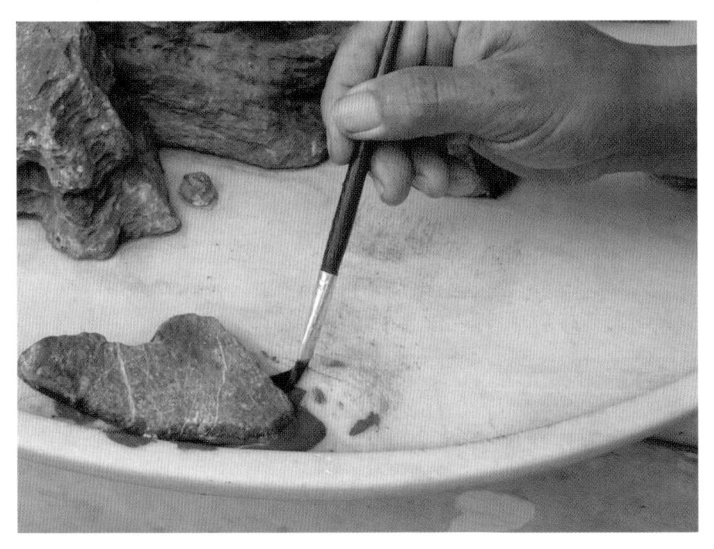

21.用小刷子蘸水刷净沾在石头上的水泥，尽量做到无多余的水泥外露。

22.将土填入旱地部分的空隙处，一边填土，一边用竹筷插进土中摇动，将土填实，使坡岸石及旱地点石与土面浑然一体，操作时须注意不要移动刚用水泥固定的石头。

23.在土面上铺种苔藓。先用喷雾器将土面喷湿，再将苔藓撕成小块，细心地铺上去，不可重叠。苔藓与石头结合处宜呈交错状，而不宜呈直线。

24.铺种苔藓时，适当种植一些小草，以增添自然气息。

25.苔藓铺种完毕后，在其上再次喷少量水(待水泥全部干透以后，再将旱地部分浇透水)。

26.用一种专用工具将每块苔藓轻轻地揿几下，使苔藓与土面结合紧密，并使盆边处的苔藓光洁整齐。

27.对作品进行最后整理，对树木再做一次细致的修剪。

28.用棕刷清理盆面。

29.在适当的位置安放一老者的陶质摆件,以点“听松”之题。

30.完成后的作品《听松》。

(七)丛林式

景名:清溪枫韵　树种:红枫　石种:英德石　作者:张志刚

制作过程

1.改作前的枫林秋景。去掉其中5棵大个体的树,用剩余11棵树重组。

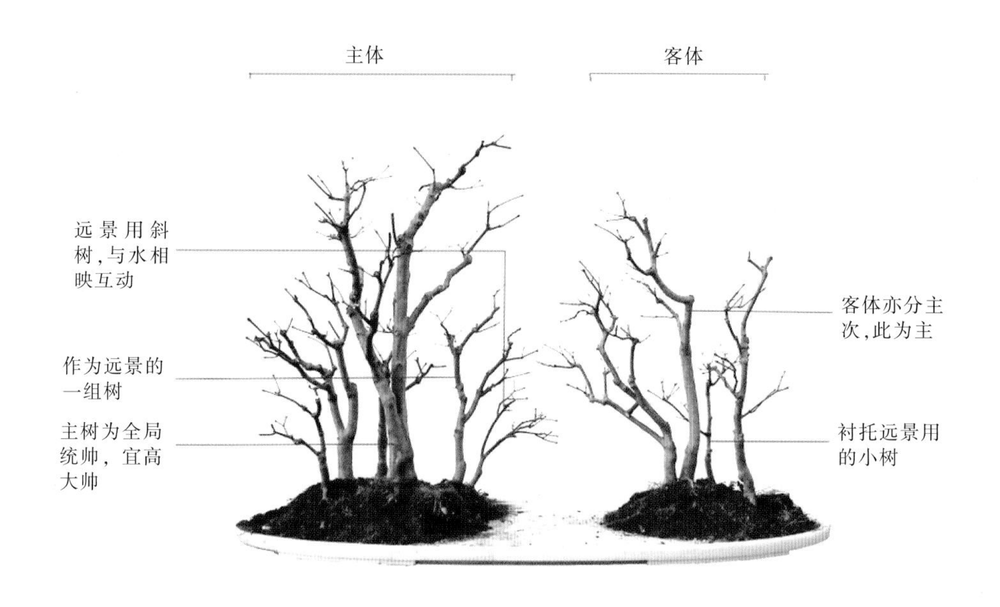

2.组合后的林相,中间设溪,林分两侧,主、客相对,顾盼呼应。

驳岸承拉水陆的过渡部分，也是景观的核心。其水岸线的变化即为水体的现状。

陆地远景的点石，有助于景深的延展。

陆地左侧的点石，可打破平滑的地形线，也可增加山林地貌的宽度。

水中的点石，是虚处的实写，起破平立异的作用，宜巧不宜多，宜平不宜凸。同时要大小错落，分设于石岸转弯或凹水区域，有助于水路的变化。

陆地前景的点石，宜平大，承拉驳岸的延伸，使连成一体。

3.布石完成后的景象，林已显悠远，可见石头在布景中的重要性。

4.水中点石由近及远，交错分布。它是驳岸向水中的延伸，既有水面的分割，使其气韵相连，虚实相生，也使平淡的溪面变得自然灵动。

5.装点完成的溪景。

6.驳岸近处石头的组合。先确定主石,后顺势分布,注意高低错落和水岸变化。

7.客体岸边的主石要与左侧主石及远山交错分布,周边的石头与之气脉相通但体量要小,方能很好地烘托体现。

8.远山连绵,使景深无限。两侧上空的树枝斜出,与山体相呼应。

9.蜿蜒而不失流畅的溪面布局，一般呈“S”形布设，并且符合透视原理，前方水口开阔，后逐渐狭小，自然消失在远山深处。

10.《清溪枫韵》局部：林静无喧，清溪潺潺，水欢鱼乐，世外桃源。置身于溪岸边，难道你没有俯身下水的冲动，或者是掌杆垂钓的欲望？这也许就是作品要想打动别人，首先要能感动自己的原因所在。

11.布景完成后的寒林景象，林溪相映成趣，只是林木尚欠成熟(2014 年 11 月拍摄)。

12.2015 年 4 月新叶初萌，虽不尽美，亦可领略两岸枫韵。

(八)三树合栽式

景名:久违的别离　树种:大阪松　石种:英德石　作者:程成梅

制作过程

1.选3棵已培植多年的高矮、大小不一的桩坯。

2.备若干块英德石、青苔。

3.粗剪截过长枝与针叶,理出树的轮廓。

4.用竹签疏松每棵树的土球。

5.清除每棵树的枯叶。

6.再精剪主树、客树的枝与冠。

7.精剪次客树。

8.修剪枯枝,作舍利干之用。

9.对不理想的枝条进行绑扎及吊压。

10.剪除主树与客树合并时的土球与根系。

11.将 3 棵树进行试合栽。

12.合栽位置确定后,清洁盆面,除去杂草及枯叶。

13.置景石。

14.添加营养土的同时进行地面造型。

15.铺植青苔。

16.喷水并按压。

17.再次清洁盆面,放置人物摆件。作品完成并取景名“久违的别离”。

四、异型盆景

(一)茶壶式

景名:壶里乾坤　壶名:仿古壶　树种:博兰　作者:红欣园林

制作过程

1.制作工具。

2.钻洞。

3.铺垫一。

4.铺垫二。

5.放粗土。

6.放细土。

7.选择植物。

8.翻盆。

9.疏根。

10.托根。

11.修根。

12.剪枝。

13.理枝。

14.种植一。

15.种植二。

16.造型一。

17.造型二。

18.浸泡盆土。

19.成品的背面。

20.成品的正面。

（二）花瓶式

景名：宝瓶托翠　瓶名：结晶釉瓶　树种：榕树　作者：红欣园林

制作过程

1 .制作工具自左至右依次是雕刻刀、角磨机、云石胶、固化剂、毛刷、油性笔。

2.选一个小口径的美人肩结晶釉花瓶作为容器。

3.在花瓶三分之二位置黄金分割线上设计一个梅花形图案。

4.创作者戴上手套,使用切割机顺着弧形图案进行切割,然后打磨光滑。

5.经过第一、二道工序,花瓶顿时就由原来单一的观赏瓶,变成了可以制作花瓶盆景的容器。

6.再把花瓶倒置,在底部用钻孔机开个洞,以便漏水。

7.选一棵与容器大小相匹配的榕树,该树已经过人工造型为曲干式。

8.再把榕树从盆中托出,与花瓶比对,进行布局。

9.在花瓶底部洞口先垫放丝网,再放瓦片,添加适宜种植的粗粒土。

10.根据预先的布局,对榕树进行初步修剪、蟠扎。

11.把榕树从盆中取出梳理,修剪徒长的根系,再装入花瓶中,接着倒入细土进行摇摆,使土粒与根系紧密结合。

12.根据花瓶的造型将榕树进行定位,将上部分枝条造型往上仰,突显朝气蓬勃的态势。

13.根据树木的形态,将靠左边的枝条往下压,飘斜与瓶口相呼应。将右边的长枝条调整成流线型,与花瓶形状相得益彰。

14.为了考虑整体效果,作者又将向上仰的枝条往下压,调整至低于瓶口,形成山高水长的优美景观。

15.取数块纹理清晰、造型玲珑的灰色英德石镶嵌在色彩斑斓的花瓶上,增加盆景的厚重感。

16.英德石由外向内不断延伸,形成山体,创造出一件独一无二的《宝瓶托翠》作品。

(三)花瓶式

景名:玲珑剔透　瓶名:青花瓷瓶　树种:博兰　石种:红玉石　作者:红欣园林

制作过程

1.选一个产于景德镇的青花瓷宝葫芦花瓶,进行二次创作,上下开了两个呼应的框。

2.上方扇形的框内用红玉石在左边堆一组小假山,右边点石进行呼应。

3. 上方的假山又增高形成一个金蟾望虹的景象。下方框底部安上一块红玉石,形成平台。

4.一块红玉石腾空而起如飞来峰一般镶嵌在瓶壁右侧，三组红玉石形成了云梯状。

5.葫芦瓶底预先钻了孔，垫上丝网，再加土，做种植准备。

6.选择耐阴耐涝的海南博兰配种在葫芦瓶中。

7.飞来峰红玉石上也种上博兰,与底部的植株形成对应。

8. 飞来峰又增添几块红玉石以防水土流失,也增添了几分色彩。

9.精致的莲花座上摆放青花瓷宝葫芦花瓶盆景,搭配珍贵的红玉石,显示出作品的高贵典雅。精当的设计,镂空的花瓶,使整个盆景显得玲珑剔透。

(四)花瓶式

景名:蓬莱仙境 瓶名:宽腹瓶 树种:六月雪 石种:吸水石 作者:红欣园林

制作过程

1.作者选取一盏鹅黄色的大花瓶,制作树石流水式盆景。

2.用切割机将花瓶开一个葫芦状的框。

3.选一块较平整的吸水石铺在花瓶底部适当位置。在花瓶后壁下方开一小口用于安装供电设施。

4.选择一块形状适中、结构松软、易于造型的吸水石作为载体，并在吸水石背面上端钻个孔安上塑料管。

5.然后找一根稍小于上口的塑料管套进去，再依次套进透明的递减口径的塑料管，然后安上水泵。

6.作者将吸水石雕琢成具有瀑布、流水等功能的，具有一定意趣的山体。

7.再加上几块吸水石,以丰富山体的结构。

8. 以两块横铺的吸水石打破花瓶的固有僵局,创造了开阔的视野,拓展了想象空间。

9.在花瓶的左下方预留了一个小空间栽种耐涝的六月雪。

10.及时给种下的六月雪浇透保活水。

11.为了保持盆景的天然完美性,创作者又把吸水石切成薄片附加在表面。

12.在花瓶底部灌进足够的水。

13.插上电源，打开水泵，顿时山泉潺潺，流水叮咚。

14.再配上雾化器。

15.插上电源，打开水泵，顿时山泉潺潺，水雾缭绕。秀美的景色直让人感叹“灵山多秀色，空山共氤氲”。

16.树石流水花瓶盆景在人造瀑布的作用下可产生负离子，将其置于室内既可改善环境，又能增强景观效果。

(五)花瓶式

景名:三位一体　瓶名:山水图高瓶　树种:博兰　石种:英德石　作者:红欣园林

制作过程

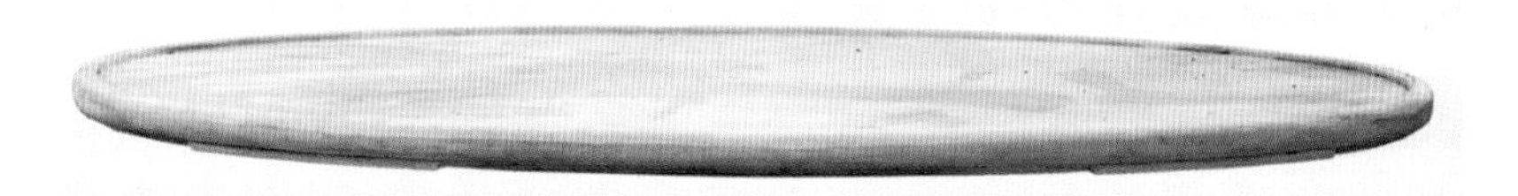

1.选取一个大理石浅盆作为分合式花瓶盆景的托盘。

2.将一个高挺的花瓶一分为三来制作分合式花瓶盆景,首先把花瓶下半部分安置在托盘的左边,种上海南博兰。

3.再取花瓶的上半部分反扣在主景的右边,种上同样的植物,形成主次峰。

4.将花瓶顶部也栽上博兰，放置在托盘右侧，使整个景观形成三角形布局。

5.为了稳固花瓶，作者在主景左方布置了一组英德石，起到以山托瓶的作用。

6.在次峰右侧添加一组低矮的景石。

7.在主峰正前方又堆砌一组山石显得自然得体，与主峰花瓶沿口镶嵌的两片游云刚好形成对比。

8.在配峰左侧布局了景石，向左延伸与主峰呼应。

9.继续在配峰的右侧堆砌几块景石，使得山石花瓶相辅相成。此件作品的独特之处在于作者别出心裁，将一个花瓶切割成三段，再进行布局创作，最终达到既一分为三，又三位一体的效果。

五、微型盆景

(一)悬崖式

景名:祥云 树种:地柏 作者:林三和

制作过程

这盆地柏树材是用扦插法取得的,已经成活2年。在此期间没怎么修剪,日常养护着重于肥水管理,任其疯长。

1.先剪断主根,再剪短须根,并保留部分宿土,以便上盆。

2.剪枝、截干。经过进一步剪截,保留了长度适当的主干和位置适当的侧枝。这时,树形轮廓及预期的姿态已经初步显露出来了。

3.对多余的枝叶及长势较弱的树叶进行疏剪,保留位置适当的侧枝。

4.这株地柏的主干呈单向走势,是制作悬崖式盆景的理想树材。沿主干走向按顺时针方向缠绕。

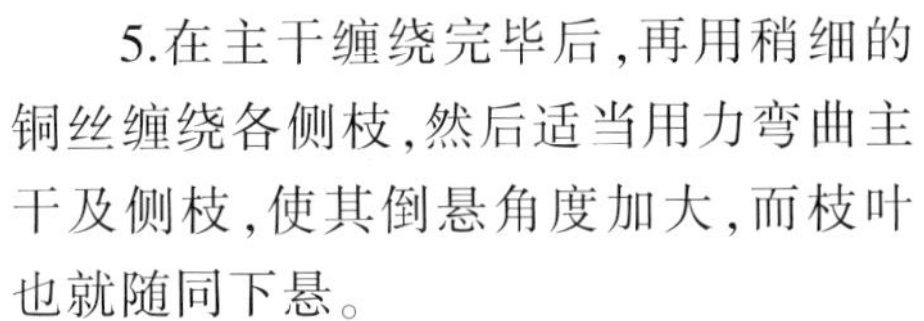

5.在主干缠绕完毕后，再用稍细的铜丝缠绕各侧枝，然后适当用力弯曲主干及侧枝，使其倒悬角度加大，而枝叶也就随同下悬。

6.将经过造型的小地柏植入与树体相匹配的四方签筒盆。上盆前，要在盆底泄水孔处放上树叶或塑料纱网，并使用渗入少许草木灰的优质山泥作盆土，以便排水畅通。

7.植株上盆定位时，应注意主干弯悬一侧的底端不宜紧靠盆口边缘。定位之后，还要再做一番整体修剪，尽量做到树形疏密有致。

待取得较为满意的效果后还需要浇一次透水。至此，制作过程即告结束。

(二)双峰式

景名:夫妻峰　石种:斧劈石　作者:李金林

制作过程

1.选石:选择层次丰富、纹理清晰的斧劈石作为制作微型山水盆景的好材料。

2.雕琢:斧劈石不属于硬质石料,质地脆而不硬,雕琢不易,需用铁锤来敲打,用力要适度。

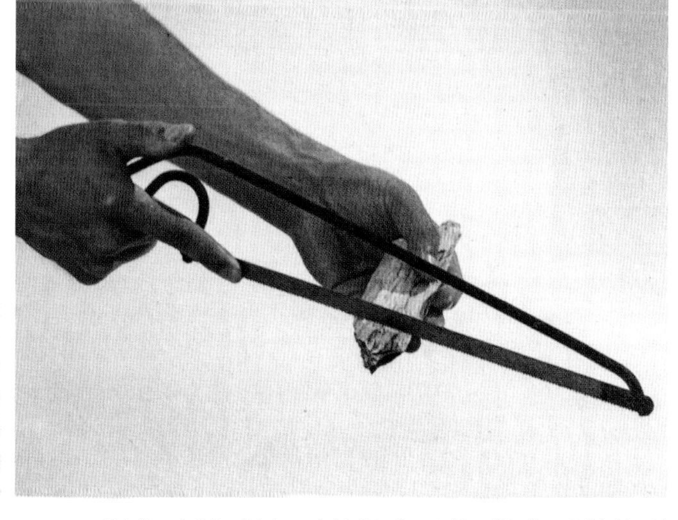

3.锯截:用钢锯把石料锯成两截,提高石料的利用率。

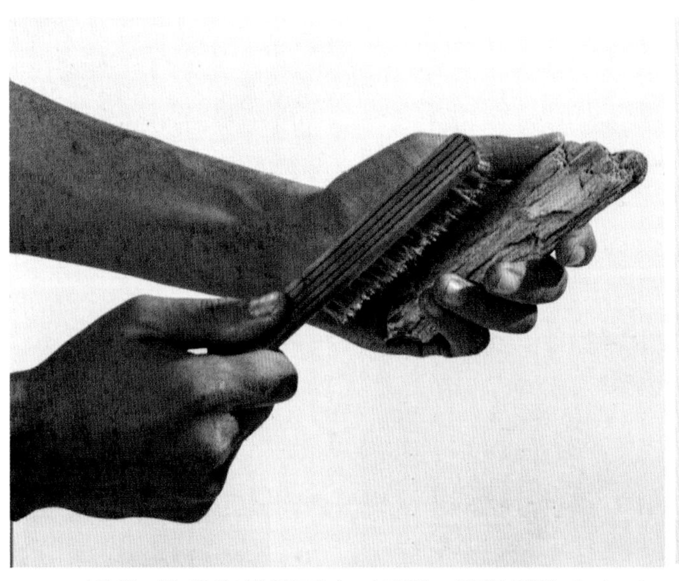

4.刷痕：雕琢容易留下人工痕迹，用钢刷除去人工痕迹。

5.胶合：采用高标号水泥作胶合剂，使用前将石料的锯末混合在一起，也可用颜料与水泥混合在一起，以减少胶合时的人工痕迹，胶合应从主峰开始依次胶合，注意留出山中洞穴。

6.种植：选择微小型的植物，如半枝莲、六月雪等，也可以用青苔捣碎呈酱汁状，涂抹在山石上置蔽阳处，不久会长出青苔。

第九章　盆景的日常养护

盆景是有生命的艺术作品。要保证盆景作品尽快成型和延续生命，只有认真科学地做好养护管理工作才能实现，俗话说："三分种，七分养。"这个"养"，就是日常的养护管理，包括浇水、施肥、修剪、翻盆换土和病虫害防治等方面。

一、浇水

自然界植物离不开水，水是生长第一要素。在日常养护管理中，浇水是最重要的环节，缺水或积水都会直接影响树木的生长。盆土过干会造成失水，表现为叶片卷曲或下垂，叶色泛黄，落叶，部分根须干死；盆土长期过湿，则会导致土壤缺氧，叶色无光泽、叶尖枯黄、落叶、闷根烂根、失枝，乃至死亡。盆景界有"浇水三年"的说法，意思是学会浇水要3年的时间，说明浇水其实没想象中的那么简单。有不少培育盆景多年的爱好者，还经常在浇水上出大问题，包括作者本人，有时一时疏忽就出问题，所以必须引起重视。根据树木品种生长特性、季节气候、盆体大小深浅，以及盆土质地等情况，本着辩证和严谨的态度，认真细致区别对待，并在实践中不断总结经验，摸索出一套浇水方法。

不同树种，浇水次数不同。木质疏松、叶片大、叶面粗糙、叶量多，或耐阴喜湿的树种，应相对多浇水；叶小、革质、叶片稀少、新上盆或树势不旺的盆树，可相对少浇水。不同季节、不同生长期，浇水次数也不同。除雨天外，春季(萌发期)和干燥的秋季，每天基本都要浇一次水；夏季(生长旺盛期)，气温高，树木生长快，盆土蒸发大，一般早上和傍晚应各浇一次(避开中午最高温时段)；冬季(休眠期)保持盆土偏干，无须天天浇水。小盆、浅盆则不论次数，见干即要浇；微型盆景可放置在湿沙床上，经常喷水。花果类树木，生长期及开花结果期可多浇水；花芽分化期要少浇水或控水催花；挂果初期及成熟期则需浇水适中，保持土壤湿润即可，水分过多易造成掉果或裂果。

每次浇水一定要注意浇透，防止浇"半截水"。所谓"半截水"，是指盆土只浇湿上层一半，下层的盆土还是干的。例如：短时间小雨微雨，盆土只淋湿表层，特别是树冠茂密的盆树，像一把伞把雨水遮住，表土似乎湿透，其实下层的土还是干的。有的盆土板结，水渗得很快，通过盆壁的空隙很快从排水孔流出，土团中间还是干的。盆土过干，会像干面粉一样，水难渗透，特别是盆面铺了青苔的，一般会经常喷水保苔，造成表土很湿，但中下层仍是干的。盆土过干，部分根系会失水枯死，影响盆树生长，导致树势衰弱乃至失枝。所以要时时注意，不能等到盆土完全干透才浇水。平时可以用竹片或螺丝刀拨开表土观察盆土干湿程度和渗水情况，避免出现"半截水"或"积水"情况。另外，如用水管直接冲浇，水流大，会很快从盆面溢出，既浪费水，也会因冲压而加快盆土板结。最好是用花洒头浇洒，且来回浇洒两次以上。

在盛夏高温期，露天水管中的水温可超过60℃，浇水时应先把水管中的热水排去，以免灼伤根系。至于水质，当然最好是雨水、泉水、河水、井水等天然水质。其实，一般用自来水直接浇洒也是可以的。有人说将自来水放置一天后再浇，这需要有储存和加压条件，一般也没太大必要。只是在自来水水质比较硬的地区，如直接浇自来水，每月可根据树种对土壤酸碱度的要求，酌情加浇一两次硫酸亚铁。

二、施肥

肥料是植物主要的养分来源，肥料供给植物营养，就像粮食对于人一样重要。盆栽树木因盆土有限，要保证其生长正常，除了其他因素之外，及时适量、科学合理地施肥是一个关键环节。如果施肥过多，则叶片大，叶缘卷起，枝条节间徒长，树形难以控制，严重时造成树液倒流，烂根而致残致死；如果缺肥，则叶片变黄、变小、变薄，嫩芽尖端枯黄，老弱枝退缩，树势减弱，病虫害乘虚而入。

植物所需的主要肥料是氮、磷、钾三大元素，以及镁、锌等多种中量或微量元素。碳、氢、氧等可以从土壤、空气、水分中得到补充，氮、磷、钾则需要人工供给。其中，氮肥有助于长叶，促叶茂色艳；磷肥促开花结果；钾肥则促枝茎健韧，根系发达，增强抗病能力。肥料有有机肥和无机肥之分。有机肥主要是腐殖质，也叫农家肥，包括禽畜粪、蛋壳、鱼精肥、饼肥、草木灰、堆肥、绿肥等。有机肥肥效缓和，能改良土质，是首选的肥料。它既可在换土时作基肥，也可作追肥。无机肥主要是人工合成肥料，通常叫化肥，品种很多，如尿素、过磷酸钾、硫酸亚铁等。化肥因无臭味，见效快，使用方便，常在家庭种植中使用，特别是长效复合肥，既方便又安全。但化肥分解后产生的酸根和盐基会影响土壤酸碱平衡，且易造成板结，不宜长期单独使用。施肥应以有机肥为主，有机肥与化肥交替使用。施肥根据施用时期，有基肥和追肥之分。基肥是结合换土，将肥料垫于底层或少量拌入泥土中。追肥就是上盆后日常所进行的肥料补给。这里所讲的施肥，主要就是指追肥。施肥应坚持薄肥勤施的原则，区别不同树种、树势，根据不同季节、气候和不同土质，做到适时适量，科学合理。

(1) 根据盆树的生长情况和观赏需要，合理施肥。如刚移植的新桩或刚翻过盆，宜用素土，不得施肥。如急于施肥，会影响发根，甚至导致烂根。不缺肥但树势较弱的盆树，除病虫害所致外，多为根系发育不良所致，如贸然施肥过多，容易造成烂根；相反，树势旺盛，对肥料的需求大，处于培育期的盆树，可多施。一般盆树在春秋季萌发前，花果类在孕蕾、坐果期，观花类在花后，应及时追肥，这就是所谓的“促芽肥”“坐果肥”“谢花肥”。

花果类树种，如石榴、海棠、紫薇等，除春季萌发期外，为促使其开花结果，应以磷钾肥为主；而黄杨、赤楠、榆、朴等观叶为主的树种，则以氮肥为主，辅以磷钾肥。对一些盆龄特别长的老树桩，要特别注意肥分的均衡补充。某些对酸碱度敏感的树种，如喜酸的杜鹃，可在生长期定期施以硫酸亚铁，以平衡土壤酸碱度。

(2)根据不同季节和气候，科学施肥。春末夏初是盆树生长旺盛期，必须多施，冬季休眠期应停施。但秋后入冬前可适量施用一次磷钾肥，以利于积蓄养分，孕育花蕾叶芽，度过寒冬。施肥一般宜在阴天、土壤偏干、傍晚时进行。长时间阴雨天，天气预报有雨之前，以及夏季高温期应暂停施肥。长期阴雨或气温过高时施肥容易伤根，大雨前施肥则肥料容易流失。

(3)坚持薄肥勤施的原则，忌施浓肥、生肥、重肥。夏季气温较高，蒸发快，肥料要比日常稀释得更稀些，以防伤根。

(4)施肥注意事项。施肥前清除盆面杂草、疏松表土。杂草既会与盆树争夺养分，也会助病虫害发生。有机肥一定要沤透沤熟，忌用生肥。有条件的可把肥料装入肥料盒中，通过浇水缓释肥分，俗称“置肥”。施肥时不要洒到幼芽或嫩叶上。若进行叶面喷施，则应选用叶面肥，且宜淡勿浓。施肥后第二天要浇透水，俗称“回水”，以防肥料伤根。

三、病虫害防治

盆栽植物发生病虫害既有管理欠缺、树势衰弱、病虫害乘虚而入的因素，也有周围环境条件欠佳，病菌、害虫入侵的因素。杂木盆景的病虫害较多，稍不小心就可能造成不必要的损失。对待病虫害必须本着“以防为主，早防早治”的原则，定期采取预防措施。在每年4—6月病虫害较多的季节，每月喷施一次以上灭菌和杀虫药物，以预防病虫害的发生。在日常养护管理中，结合每天浇水，细心观察，及时发现病虫害苗头，尽早将其灭除，避免蔓延成害。

盆树的病虫害除了诸如用土或水肥失当，树种自身地域性的水土不服，以及摆设环境不适宜等管理上的因素导致的生理性病变之外，主要是由真菌、细菌、病毒入侵的病害，以及寄生性害虫为主的虫害，在防治上要区别病害与虫害，并采用不同的药物。杀菌类药物基本上都是广谱药，如甲基硫菌灵(甲基托布津)、多菌灵、百菌清、波尔多液、敌磺钠(敌克松)等。杀虫类则既有触杀和内吸毒杀的广谱药,也有针对某种害虫的特效药。传统的广谱杀虫农药有4种。

(1)敌百虫。高效低毒杀虫剂,对毛毛虫、尺蠖、蚜虫、卷叶虫等多种害虫具有强烈的胃毒杀和触杀作用。粉剂用1000倍液。

(2)敌敌畏。毒性较强,易挥发,残留期短,对一般害虫都有胃毒杀和触杀作用。敌敌畏剂型为不同浓度的乳油,如50乳油可稀释1000~1500倍。可与乐果混用。

(3)乐果。高效低毒杀虫药,而氧乐果则具有强烈的渗透内吸性,其毒性随温度的升高而增强。适用于多种虫害,特别是对刺吸口器和啃嚼口器害虫,防治效果很好。除碱性药剂外,可与一般杀菌剂和杀虫剂混用。

(4)杀扑磷(速扑杀)。具有胃毒、触杀、内渗作用,毒性强,对多种刺吸性、啃叶性、钻蛀性、潜道卷叶害虫,尤其是对介壳虫有明显的防治效果。使用时稀释1500倍。

此外,还有一些针对性很强的特效杀虫药,如针对红蜘蛛的三氯杀螨醇,针对介壳虫的高渗氧乐果(蚧死净),针对潜叶蛾的阿维菌素。

防治病虫害的药物很多,在使用时一定要到正规农药店购买,保证质量,注意其保质期和使用说明。严格按分量调配,过稀无效,而过浓会引起药害。同类药品要多种交替使用,以免出现耐药性。

4种常见的病害诊治方法。

(1)白粉病。白粉病主要是受白粉菌丝侵害所致,多见于紫薇、朴树、三角梅等。发病盆树的枝叶均长出泛白色或淡灰色粉状霉层,之后叶片皱缩,嫩枝扭曲畸形,花芽叶芽萎缩,植株光合作用受阻,树势衰弱,甚至枯缩(图9-1)。病因主要是环境湿闷,养分比例失调,或盆土长期过湿。白粉病的预防,应在春末夏初喷洒1~3次杀菌药剂,保持通风透气环境,适当加施磷钾肥,疏剪过密枝叶。发病时,用56%水乳剂嘧菌·百菌清1500倍液或25%三唑酮(粉锈宁)可湿性粉剂1000倍液喷洒,用石硫合剂也能起到防治作用。

图9-1 白粉病症状

(2)叶霉病。叶霉病主要危害叶片。发病初期,下部叶片叶面出现不规则的黄褐病斑,后逐渐变成黑褐色,叶片焦脆枯裂,叶背可见灰褐色霉层(图9-2)。严重时蔓延至整株叶片,造成大量焦叶。发病原因多为湿度过大,或环境闷热、通风不良。叶霉病和叶枯病、叶斑病、溃疡病等都是由真菌入侵所致,病情病因都差不多,对这种真菌感染的病害,应坚持以预防为主。日常养护注意保持盆树通风透光,土壤不能长期过湿。每年春末和初秋选喷多菌灵、硫菌灵(托布津)、代森锌或波尔多液等2~3次,发现病叶及时清埋并烧毁。

图9-2 叶霉病症状

(3)腐根病。腐根病主要是根系受病菌侵害导致腐烂,可见叶片由尖端逐渐枯黄掉落,梢芽枯萎(图9-3)。由于根系腐烂而丧失吸收功能,对应部分枝条也会失水枯萎,严重时全株死亡。其原因主要是浇水过多,造成积水;施肥过量或施生肥,造成闷根或烧根,致使根腐烂;移植或翻盆修根时,截口破裂受土壤病菌侵入,导致腐烂。如发现要及时脱盆修剪烂根,消毒盆土,重新上盆,管理上控水控肥,促使植株恢复生机。

(4)煤烟病。煤烟病也称煤污病,其症状是在叶面、叶梢上出现黑色粉层斑,有油污感,严重时覆盖整个叶面,影响光合作用,从而使盆树树势变弱,引发其他病虫害。发病原因是高温湿闷,通风不良,受多种菌丝体寄生侵害。也有的是由蚜虫、介壳虫的油状蜜露分泌物引发。防治方法:适当修剪,保持透光通风,休眠期喷洒石硫合剂消灭越冬病源,并防止蚜虫、介壳虫的发生。对已发病的植株, 可用 65%代森锌可湿性粉剂 500~800倍液或 50%灭菌丹可湿性粉剂 400 倍液喷洒,效果很好。

图 9-3 煤烟病症状

常见害虫诊治方法。

(1)介壳虫(图 9-4)。介壳虫有多种,常见的有盾介壳虫和吹棉介壳虫。介壳虫通常能分泌一种白色蜡质形成外壳, 吹棉蚧分泌棉絮状蜡质。介壳虫主要附着于枝叶汲取树液,使盆树枝干皮层干缩,生长不良,枝干枯死,其分泌物能堵塞叶面气孔,引发煤烟病。介壳虫因有蜡壳,一般杀虫药物触杀效果不理想,可用如氧乐果等之类的内吸渗透性药物或用高渗氧乐果(蚧死净)、矿物油(蚧螨灵) 等特效药。介壳虫孵化期为 1~2 周,1年发生多代,要每隔 7 天喷 1 次,连续用药 3 次,并注意叶面叶背要同时喷透才能奏效。介壳虫发生的主要原因是光照和通风透气不良,因此必须注意疏剪和改善栽培环境。

图 9-4 介壳虫

(2)红蜘蛛(图 9-5)。红蜘蛛也叫叶螨,其体型小,体色变化大,种类很多,分布广泛。危害方式是附着叶片,吸吮液汁,致使叶片变形、枯黄脱落。其繁殖迅速,7 天 1 代,危害甚广。防治红蜘蛛特效药很多, 可用 40%三氯杀螨醇乳油 1000倍液或 20%四螨嗪 (螨死净) 悬浮剂1500 倍液、40%炔螨特(克螨特)乳油 2000 倍液喷杀。注意叶面叶背要均匀喷到, 隔 7 天再喷 1 次, 以杀灭 2代幼虫。养护上注意清除盆面杂草。春季生长初期喷施一次药物预防。

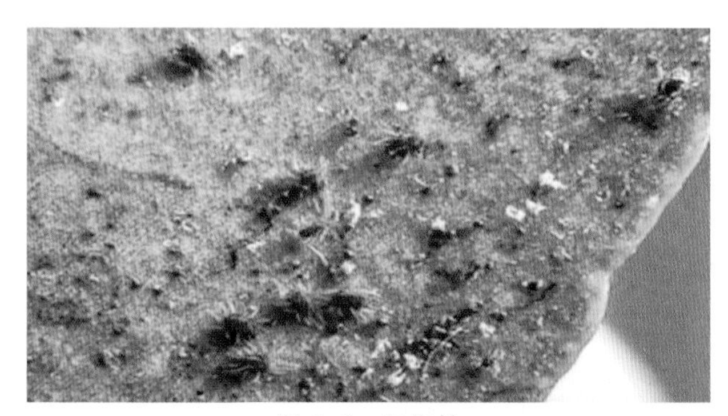
图 9-5 红蜘蛛

(3)蚜虫(图 9-6)。蚜虫虫体有多种,颜色各不相同,每年 3—10 月为繁殖期,主要群集于幼嫩枝叶芽头,用针形口吸吮汁液。其传播容易,且繁殖极快, 如气温适合,4~5 天就可繁殖 1 代,1个月会繁殖多代,危害甚广。蚜虫吸食后会分泌蜜露,引来蚂蚁,诱发煤烟病。平时如发现盆面有蜜露状痕迹,说明已发生蚜虫危害。防治药物可选用 50%杀螟硫磷(杀螟松)乳油 1000 倍液,或 50%抗蚜威可湿性粉剂 3000 倍液,或40%乐果乳油1000 倍液喷杀。一般广谱杀虫药剂都能奏效,但有的蚜虫能分泌蜡质形成保护层,必须使用内吸性药剂,或在农药中加入洗衣粉,以增加附着渗透力。

图 9-6 蚜虫

图 9-7　天牛

(4)天牛(图 9-7)。天牛种类不少,以星天牛最为常见。1~2 年繁殖 1 代,以幼虫寄生于树干中越冬。初孵幼虫在树皮下盘旋蛀食,再蛀入树干,啃食挖空而形成蛹道,并在其中化蛹。成虫于 5 月中下旬开始羽化飞出,并以嫩枝嫩叶为食,也常环形啃食树皮,造成枝干水线被切断而整枝枯死,对盆树危害严重。天牛的防治重点在 5—7 月,早晚注意观察,发现时及时捕杀成虫,及早杀死其虫卵或幼虫。可悬挂盛有乐果药液的敞口瓶，让药液挥发，以驱赶成虫。天牛成虫用硬腭咬破树皮产卵，并分泌黏液固定保护。如发现树干有黄豆或米粒大小的黏液泡沫,就要检查有无天牛的卵,如有应及早杀灭。天牛幼虫蛀入树干会有洞口,并有木屑状排泄物排出,一旦发现,可立即查找洞口,用 40%乐果、50%敌敌畏乳油 100 倍液滴注或用注射针筒灌入,再用棉花团塞住蛀孔,毒杀、闷杀幼虫。

(5)蓟马(图 9-8、图 9-9)。蓟马是靠汲取植物叶片汁液为生的害虫,在榕树盆景中比较常见。发病叶片卷曲无法展开,枯黄掉落。蓟马多藏于卷叶中,必须选用内吸性杀虫药防治。盆栽树木可用 40%氧乐果乳油 1000 倍液或其特效药 25%噻虫嗪水分散粒剂 800 倍液喷洒。

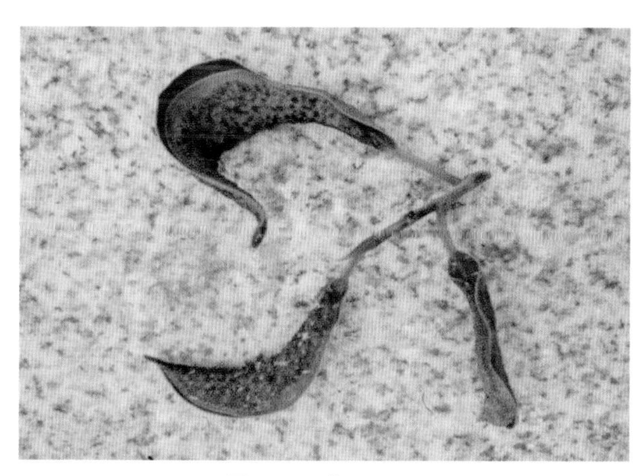
图 9-8　蓟马(一)

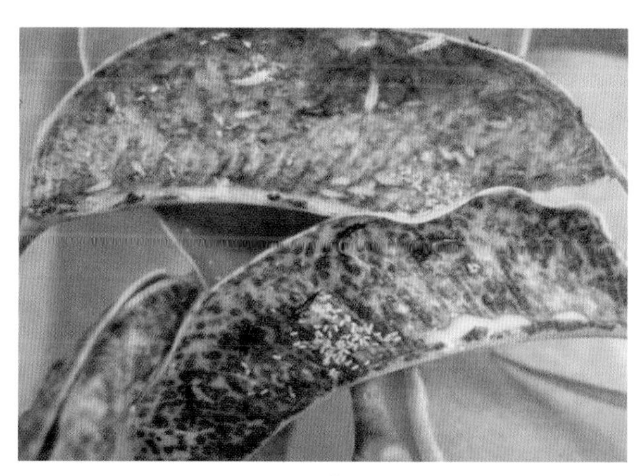
图 9-9　蓟马(二)

(6)其他啃食叶片和枝梢的害虫主要是鳞翅目的成虫,如金龟子(图 9-10)、蝶类的幼虫,如毛毛虫(图 9-11)、尺蠖(图 9-12)等。由于它们大量啃食叶片,轻则破坏了盆树的观赏性,重则啃光全部叶片,使枝干枯萎。病害发生时可用 50%杀螟硫磷(杀螟松)乳油 1000 倍液或 80%敌敌畏乳油 1200 倍液等常规广谱杀虫药喷杀幼虫。平时注意预防,及早发现并杀除越冬虫茧,诱杀驱赶金龟子及蛾蝶等,防止其产卵繁殖。

图 9-10　金龟子

图 9-11　毛毛虫

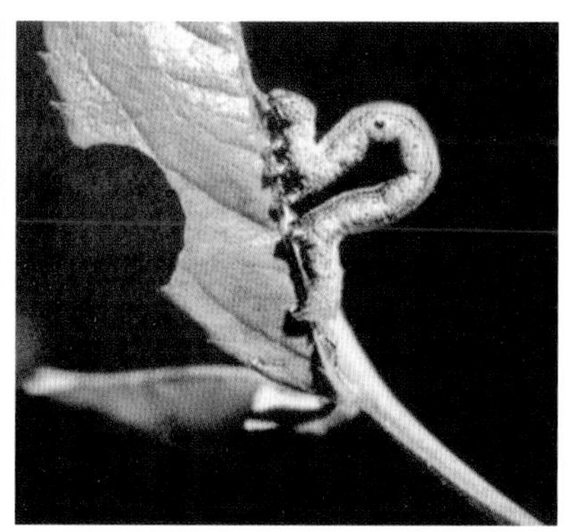
图 9-12　尺蠖

四、保形

成型盆景的修剪目的主要是保形，要抑强扶弱，及时剪除过强枝、徒长枝，继续微调精剪，维持树势整体平衡。尽量避免内膛弱枝退缩和树冠变形。注意控制顶端优势，可适时对顶梢截短重蓄，也可盘旋弯曲、修剪压顶，以防止顶冠过长过重。在日常养护中，不论是否参展，一年中摘叶修剪不能过频，就算极耐修剪的朴树、榆树、鹊梅等，也不要超过 4 次。如发现树势过弱，应及时换大盆、木箱或下地(不修根)栽培复壮。对一些老化退缩的枝条，可重新评估，培育新枝取代或考虑改型改作。成型作品如要送展参展，展前需整形，多数还会摘叶修剪，更换观赏盆，并经装卸、运输送展。如参展过频，盆树会过分“疲劳”，元气大伤，有的几年才能复原，甚至受损致残或展后夭折。因此，对于参展评奖，应本着平常心态，视盆树状态决定参展与否，不要过于勉强。一般应提前半年做好准备，加强水肥管理，把盆树养旺。如需换盆，不要太迟。另外装卸运输一定要请专业人士操作，防止意外伤损。如高温期需长途运输，应保持通风透气，不要用密封货柜，尤其是铁皮柜，以免闷伤盆树。

参 考 文 献

[1] 沈治民.五针松盆景[M].上海:上海文化出版社,1982.
[2] 梁悦美.盆栽艺术[M].台湾:台湾汉光文化事业股份有限公司,1990.
[3] 李金林.中国微型博古盆景[M].珠海:珠海出版社,1991.
[4] 刘仲明,刘小玲.岭南盆景造型艺术[M].广州:广东科学技术出版社,1991.
[5] 吴培德.中国岭南盆景[M].广州:广东科学技术出版社,1995.
[6] 彭春生,李淑苹.中国盆景流派技法大全[M].南宁:广西科学技术出版社,1998.
[7] 赵庆泉.中国盆景[M].北京:朝华出版社,1999.
[8] 李光明.中国盆景艺术大师作品集萃[M].上海:上海科学技术出版社,2003.
[9] 韦金笙.韦金笙论中国盆景艺术[M].上海:上海科学技术出版社,2004.
[10] 韦金笙.中国扬派盆景[M].上海:上海科学技术出版社,2004.
[11] 胡乐国.中国浙派盆景[M].上海:上海科学技术出版社,2004.
[12] 邵忠.中国苏派盆景[M].上海:上海科学技术出版社,2004.
[13] 葛自强.中国通派盆景[M].上海:上海科学技术出版社,2004.
[14] 谭其芝,招自炳.中国岭南派盆景[M].上海:上海科学技术出版社,2005.
[15] 汪传龙,潘仲连.盆景艺术[M].合肥:安徽科学技术出版社,2005.
[16] 赵庆泉.名家教你做微型盆景[M].福州:福建科学技术出版社,2005.
[17] 林三和.名家教你做微型盆景[M].福州:福建科学技术出版社,2005.
[18] 仲济南.中国徽派盆景[M].上海:上海科学技术出版社,2005.
[19] 张重民.中国川派盆景[M].上海:上海科学技术出版社,2005.
[20] 韦金笙.中国盆景流派丛书[M].上海:上海科学技术出版社,2004.
[21] 林鸿鑫,陈习之,林静.树石盆景制作与赏析[M].上海:上海科学技术出版社,2004.
[22] 韦金笙.中国盆景名园藏品集[M].合肥:安徽科学技术出版社,2005.
[23] 仲济南.中国山水与水旱盆景艺术[M].合肥:安徽科学技术出版社,2005.
[24] 苏本一,仲济南.中国盆景金奖集[M].合肥:安徽科学技术出版社,2005.
[25] 胡世勋.邑园盆景艺术[M].北京:中国林业出版社,2005.
[26] 李树华.中国盆景文化史[M].北京:中国林业出版社,2005.
[27] 仲济南.名家教你做山水盆景[M].福州:福建科学技术出版社,2006.
[28] 胡乐国.名家教你做树木盆景[M].福州:福建科学技术出版社,2006.
[29] 沈明芳,邵海忠,施国平.中国海派盆景[M].上海:上海科学技术出版社,2007.
[30] 韩学年.童梦——韩学年盆景艺术[M].香港:中国评论学术出版社,2010.
[31] 肖遣.盆景的形式美与造型实例[M].合肥:安徽科学技术出版社,2010.
[32] 乔红根.水石盆景创作[M].上海:上海科学技术出版社,2011.
[33] 李云龙.李云龙盆景艺术[M].济南:山东友谊出版社,2011.
[34] 黄明山.黄明山艺术作品[M].海口:南方出版社,2012.
[35] 刘传刚.艺海起航[M].北京:中国林业出版社,2012.
[36] 林鸿鑫,林峤,陈琴琴.中国树石盆景艺术[M].合肥:安徽科学技术出版社,2013.

[37] 陈习之,林超,吴圣莲.中国山水盆景艺术[M].合肥:安徽科学技术出版社,2013.
[38] 汪传龙,赵庆泉.赵庆泉盆景艺术[M].合肥:安徽科学技术出版社,2014.
[39] 刘传刚,贺小兵.中国动势盆景[M].北京:人民美术出版社,2014.
[40] 左宏发.左宏发杂木盆景作品集[M].上海:上海科学技术出版社,2014.
[41] 黄映泉.中国树木盆景艺术[M].合肥:安徽科学技术出版社,2015.
[42] 陈习之,何雪涵,陈丽娟.紫砂壶盆景艺术[M].合肥:安徽科学技术出版社,2015.
[43] 沈治民.岩松盆景[M].杭州:浙江人民美术出版社,2015.
[44] 林鸿鑫,张辉明,陈习之.中国盆景造型艺术全书[M].合肥:安徽科学技术出版社,2017.
[45] 郑永泰.杂木盆景造型与养护技艺[M].福州:福建科学技术出版社,2018.
[46] 孙成堪.半个甲子觅雄奇[M].北京:中国民族文化出版社有限公司,2019.
[47] 赖娜娜,林鸿鑫.盆景制作与赏析[M].北京:中国林业出版社,2019.